指尖下的幸福阳光

冯有才 编著

中国财富出版社

图书在版编目（CIP）数据

指尖下的幸福阳光 / 冯有才编著．—北京：中国财富出版社，2014.5

ISBN 978-7-5047-4981-9

Ⅰ.①指…　Ⅱ.①冯…　Ⅲ.①人生哲学—通俗读物　Ⅳ.①B821-49

中国版本图书馆 CIP 数据核字（2013）第 268877 号

策划编辑　王秋萍　　**责任印制**　方朋远

责任编辑　白　昕　白　柠　　**责任校对**　饶莉莉

出版发行　中国财富出版社

社　　址　北京市丰台区南四环西路 188 号 5 区 20 楼　**邮政编码**　100070

电　　话　010—52227568（发行部）　010—52227588 转 307（总编室）

010—68589540（读者服务部）　010—52227588 转 305（质检部）

网　　址　http：//www.cfpress.com.cn

经　　销　新华书店

印　　刷　北京京都六环印刷厂

书　　号　ISBN 978-7-5047-4981-9/B·0387

开　　本　710mm×1000mm　1/16　　**版　　次**　2014 年 5 月第 1 版

印　　张　18　　**印　　次**　2014 年 5 月第 1 次印刷

字　　数　257千字　　**定　　价**　36.00 元

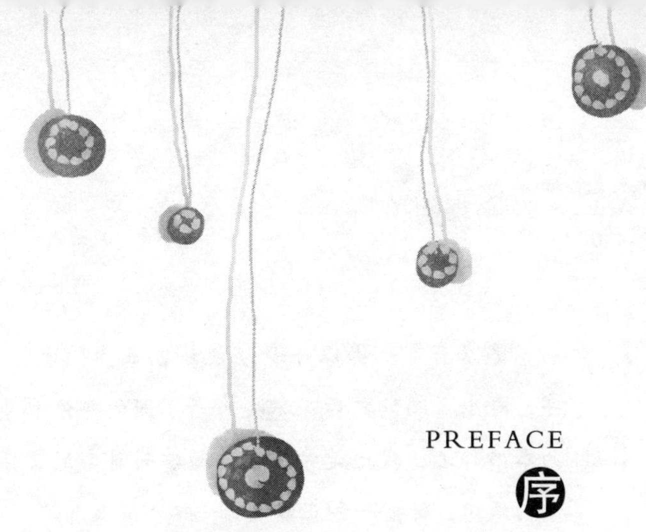

PREFACE

序

用文字收获一个金秋

秋天是一个让人难忘的季节，不仅因为它美丽，更因为它流淌着收获的汗滴。

记得8年前的一个金秋，国庆节放假后我从老家坐车回学校，经过一条乡村公路时的场景，让我这一辈子都无法忘怀——那是一条笔直笔直的乡村公路，泛黄的枫树点缀在路两旁，路旁是卖橘子、柿子的果农，卷起裤腿抽着旱烟，悠然自得；而公路的两边，则是黄灿灿的稻子，和我父母一样的农民正在忙着收割，这幅画面美得差点让我窒息。我清晰地记得，那时候我的背包里，除了装着母亲让我捎带的零食外，还有大半包书，那是我国庆七天的精神食粮。如今，在同样一个金秋季节里，怀揣着一颗忐忑的心，将自己那些历史上置于报刊上的零零碎碎，一颗一颗地串起来，放置于阳光下，等待着读者的审阅。如同一个充分准备的学子，等待着一场考试。我一直在问自己：我的这些文字，能不能成为别人的精神食粮呢？倘若能，我觉得那将是一件非常非常幸福的事。

这本书内收录的作品，大都是在《读者》《青年文摘》《意林》《格言》《辽宁青年》《演讲与口才》等国内有着一定影响力和知名度的期刊杂志上发表过的文章，几经取舍，最终从数百篇作品中选择了这一百多篇，也期待这些文字能够带给读者朋友一种全新的感受，因为这些文字涵盖着自己对人生、对生活的另一番感悟。

佛家有言：佛以一音演说法，众生随类，各得其解。即使是相同的文字，每个人阅读之后，都会有着不同的想法和感受，但无论是何种想法，作为本书作者，我还是希望这些简单而朴实的文字，能够带给读者朋友一个全新的认识，传播一种正能量。

读书的作用是什么？很多人都问过我这个问题。10年前我回答："为天地立心，为生民立命，为往圣继绝学，为万世开太平。"10年后的今天，我会简简单单地回复："读书，让人心里踏实，让人活得实在。"是啊，不要抱有功利，不要抱有目的，一个人看自己的书，读平凡的字，那种自在间的收获，便是书本给自己的最好回馈。无他。

很感谢看书写字给予我心灵上的宁静，让我对人生、对生活有了一种新的认知。闲暇之余，我也常常上QQ和文友聊天，QQ上面差不多有近500名网友，80%以上都是和文字有关的，更多的，还是心灵上的交流，我觉得这样比较踏实。文字可以看出一个人的性格，对文字的态度，也可以看出一个人的人生态度。很欣慰，我有不少值得交往的文友。在我懒惰之余，鼓励和帮助我完成这本书：徐立新、吴家凡等。虽然和他们面对面接触的机会并不多，但这并没有影响到我们之间的友情。"文友"这个词语，现在越来越少人提及了，因为接触"文"的人越来越少，心是浮的，又岂能看得进文字？但在我这里，他们却越发真诚厚重，如同陈酿的酒，历久弥香。

本书在较短的时间内能够顺利出版，得到了黑龙江华东阁图书发行有限公司卞美香老师的大力支持，虽素未谋面，但在多次的沟通后，也让我感受到了她的真诚，感受到她对文字的敬重，也让我在秋意浓浓的九华佛地，感受到了一股来自北国温暖的力量。如此让人踏实，心安！

但愿这本图书带给更多读者生活的希望与生命的力量。

是为序。

冯有才

2013年11月于安徽池州

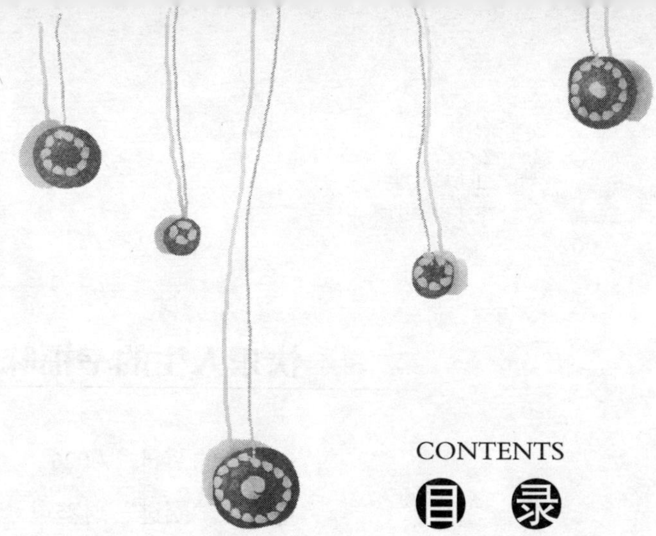

CONTENTS

目 录

第一辑 我的青春我做主

西瓜爱情 / 002

“爱情”日记本 / 003

凌晨1点的感动 / 006

滴落的心情 / 007

我不会爱你一生一世 / 009

谢谢你站在我的身边 / 010

特殊的日子 / 011

妈妈，再听我说段相声 / 012

请珍惜我的善良 / 014

怀念一条弯曲的鱼 / 015

像玫瑰花一样绽放 / 017

盒子里的母爱 / 020

健忘的母亲 / 022

第二辑 快乐人生的幸福味

一个人的节日 / 026
把玉米“圈进”财富里 / 029
二十八朵玫瑰花 / 031
别提她的名字 / 033
我要让你很快乐 / 035
最美的力量 / 036
大师的小处 / 039
吃葡萄的狐狸 / 041
把泥巴“穿”在身上 / 042
坚守你的幸福 / 044
翅膀折了，依旧可以微笑 / 047
毕加索画“贼” / 049
带着穷人们去旅游 / 050
捧起双手，就是天使 / 053
牧师的监狱 / 056

第三辑 心灵财富的励志版本

原始的美丽 / 060
博尔的独立日 / 062
托比的微笑 / 064
一本没有字的书 / 066

一个“白富美”女生的时尚创业 / 068
一条豹尾 / 069
一碗饭的奔跑 / 071
天使永远懂得微笑 / 073
上帝的谈话 / 075
我能看见我自己 / 077
读懂天使的微笑 / 079
咸水鳄鱼的智慧 / 082
人生的逆转 / 083
怎么出来 / 086
竹子与鸡 / 087
祖母的留言牌 / 089
水葫芦的妙用 / 091
渡边井下的春天 / 092
父亲的铁盒 / 095
付出不亚于任何人的努力 / 096
感恩节的那束野百合 / 099
共生就是共赢 / 101

第四辑 **做自己的人生唯一**

一只梨子的骄傲 / 106
不过一辈子 / 108
共同的门 / 109

回味你的酒气 / 111

最好的成长树 / 112

“金砖”是如何炼出炉的 / 114

最后的一课 / 116

“拳击手”的规则 / 119

刺痛的爱 / 120

冬衣里的怪圈 / 122

灵魂的救赎 / 123

推着轮椅的男人 / 125

这是一个需要快乐的年代 / 126

以爱的名义记忆 / 127

向阳光敬礼 / 129

生命中的三份瞬间感动 / 130

人生如酒自己端 / 132

沙滩上的“教堂” / 134

第五辑 一只船的港湾

芭蒂的舞鞋 / 138

天使不会被遗忘 / 140

爱，从来没有天黑 / 142

爱，一直都在 / 144

傻傻等，傻傻爱 / 146

上帝留的那扇窗 / 148

爱是不放弃的找寻 / 150
西街区的那片灯光 / 151
西伯利亚的温暖 / 154
最后的父爱 / 157
为你洗澡 / 158
隐藏在步伐里的父爱 / 160
疼痛，是母亲必需的一步 / 161
你让世界如此美丽 / 163
爸爸父亲都是爱 / 165
让我们相依相偎 / 169
母亲的泪光 / 172
海水是咸的 / 173
最成功的作家 / 175
最温暖的小屋 / 177

第六辑 **做自己的第一**

希望在人间 / 180
听见幸福在唱歌 / 182
紫荆花的春天 / 184
为爱担保 / 186
润 田 / 188
跳动的水，跳动的生活 / 190
貉之爱 / 191

父亲的情人 / 193
最初的梦想 / 195
27瓶黄泥咸鸭蛋 / 197
“响尾蛇”之死 / 199
把洗衣机放到街头上去 / 201
变短为长 / 202
戴镣铐跳舞 / 204
突然飞来的蜜蜂 / 206
传递温度的薄木板 / 208

第七辑 **创造条件　摘到苹果**

我贫苦，但我并不贫困 / 212
创造理由，摘到苹果 / 213
把理想先放一放 / 216
精彩的转身 / 217
猎手与猎物 / 219
罗丹的雕像 / 220
麦克阿瑟的满分 / 222
卖游艇的堂妹 / 224
那个不施农药的傻傻“苹果” / 225
努力不够是因为痛得不够 / 228
“抢跑”的规矩 / 230
敲响机会的门 / 232

生存的秘诀 / 233
餐桌上多了一块布 / 235
请不要对我说英语 / 236
牛郎织女的空悲切 / 237
提前上市的苹果 / 238
天下没有白打的开水 / 240
停转的磁带 / 242

第八辑 直面你的阳光人生

直面阳光 / 246
不做第一，只做唯一 / 247
沿着路标奔跑 / 249
奔跑的亚伯拉罕 / 251
你就是第一 / 253
“双子星”是怎样发光的 / 255
成功只有一米远 / 258
忘不了的隔壁姑娘 / 260
我的墨镜爸爸 / 261
让理想听见理想 / 263
别锁住了心灵 / 265
老外史蒂芬 / 266
十步看人 / 268
行走的石头 / 269

最伟岸的卑微　/ 271

失却瞬间的生命　/ 272

生存的规则　/ 273

乞丐今天不上班　/ 274

第一辑 我的青春我做主

你感叹过童年的无趣，感叹过脚步的匆忙，感叹过看不完的书，你也说过自己很疲倦。然而，不是这般的经历，你的人生怎会如此春意盎然？

放慢自己的脚步，静静地，嗅一嗅那枝头淡淡的幽香。

西瓜爱情

“当爱情走到了9个月的时候，也便是它走到了危险期的时候。”朋友这样告诉他时，他只是笑笑。

当他们的爱情处在9个月的时候，西瓜正成熟上市。他知道，她很喜欢吃西瓜，因此，在每天下班的时候，他都会去趟水果超市为她捎上一个西瓜。

他的到来，在她的心里都会泛起一阵莫名的欣慰与惊喜。这种感觉，就像在炎热的夏天咬上一口冰甜的西瓜。

剖开西瓜，看着那红润润的瓜瓤时，他们都会像小孩一样兴奋地叫闹着。然后，他会为她挑上一块红润的瓜瓤，直到看着她快乐地吃着。最后，他才会为自己挑上一块西瓜。

每次，他都会把西瓜最红的瓜瓤部分挑给她，而他自己吃的，只是瓜心部分而已。慢慢地，她开始不满起来。不满于他们的爱情，不满于他那份平庸的工作，甚至，她都觉得他待她不是真心的。不然，他为什么不把西瓜最甜的瓜心部分让给她吃呢？

终于，在9月的最后一天，她的不满彻底地爆发了。最后，她提出了分手，他看着她，一声不吭。直到她的背影完全朦胧了，模糊了。他知道，他很爱她，她也很爱他。只是，爱，并不能代表爱情，更不能代表永恒。她仍然选择了离开他。

几年后，她又有了一个男朋友。在盛热的夏天里，她依旧每天都可以吃上男友买回来的西瓜，一片一片的那种，没有瓜心瓜瓤之分。

看着男朋友，她笑了，她笑得很开心。甚至，她觉得自己生活得幸福极了，因为她感觉自己找到了一个真正喜欢她的男孩子。

吃西瓜的时候，无意中，她挑到了一片瓜心。看着它，她想到了以前的他，在她第一次用心品尝瓜心的那一刻，她哭了，什么话都没说就哭了。

她很后悔，后悔自己亲手丢弃了幸福，丢弃了原本可以像瓜瓤一样甘甜的爱情，因为从她咬下瓜心的那一刻起，她就知道了以前的他是真心爱护她、关心她并能给予她幸福和关爱的男孩。可是，从小生活在大城市里的她哪里知道“在西瓜的瓜肉中，瓜心部分吸收的水分和营养最少，因此它也是西瓜最不甜的部分”这一道理呢?

“爱情”日记本

我承认，我不是一个好孩子，至少在我16岁之前。

那年，我被打工的父母带到了城里，我知道他们的意思，我明白他们的苦心——他们不想也不希望唯一的儿子就这么在乡下学校里打架抽烟学坏，荒废了前途，耽误了人生。他们相信城里的教学水平，城里的师资，更重要的，是他们对我的那份沉甸甸的希望，和着浓浓的爱意滋生着。于是那年的9月，我就坐在城里明亮的教室里，开始了我的初三生活。

我的同桌是一个很文静很清秀的小女孩，穿了一件白色并且带袂的连衣裙，我还清晰地记得，开学的第一天，连衣裙上衣的左边还打了一个蝴蝶结，很漂亮。她也是我来学校后熟悉的第一个人，她不但有一个很漂亮的外表，而且还有一个很好听的名字——许诺。

开学一周后，我就适应不了这个单调的生活，开始逃课了。学习成绩不好是我逃课的一个原因，更重要的是，我不喜欢也不习惯城里老师上课时的那文绉绉的普通话。尤其是我们班主任，站在讲台上，讲课的时候还不时地摇晃着自己的脑袋，真是可恶！

可是，这种逃课的好日子并没有持续多长时间，不久，班主任便通知了我的父母，于是，父母便又拿出了他们“收藏”了好些日子的棍棒，频频向我示威，每次棍棒之后，便又是一番语重心长的话，这些成了我进城两个月后的必修课。

一次，我逃课去了公园玩，在公园的小亭边，我看到了一对青年男女正在紧紧地相拥相抱着，那女的，穿的也是一件连衣裙，和许诺开学那天穿的一模一样。我深情地看着，尤其是看到了那件白色的连衣裙，在我脑海里呈现的第一个形象就是许诺，我清晰地记得开学第一天，她也是穿着和这一样的连衣裙的，我想：如果我能搂着穿白色连衣裙的许诺，像今天那个男孩一样紧紧地抱着他的女朋友，那该是个什么样子？那又是怎样的一种幸福？

从那一天起，我就开始注意起许诺了。我也开始老老实实地坐在教室里，倒不是为了上课，只是为了和她同桌，只是为了能够和她在一起。当然，她并不曾注意到我的这一变化。我不知道自己这算不算初恋，或者，这根本不是初恋，这只是一个懵懂男生对爱情的幼稚想法。

从慢慢注意许诺的衣着开始，我又慢慢地注意她的其他了，包括她爱的颜色，包括她喜欢的科目，甚至是她爱好写日记，我也记得清清楚楚。

那是一本蓝色的笔记本，上面有一个小小的密码锁。我经常看见许诺在放学后，趴在桌子上写日记，每次她都写得全神贯注，深情得很。于是，我一直想偷看一下那本日记，看看她到底在上面写了什么。

一天中午放学后，她把日记本放在桌上的英语书里夹着，然后就急急忙忙地回了家。趁着这个机会，我偷偷拿过了日记本，因为我不知道密码是多少，所以我只能胡乱地试，当我输入密码123时，日记本就开了，这下我乐了——想不到这么漂亮这么聪明的女孩，只设置了一个这么笨的密码。哈哈！

在日记本的扉页，我看到这样一段话：

我知道，他不是我喜欢的男孩，因为他没有足够的自信心，没有足够的上进心，也没有足够的自制力，学习成绩也不够好。他只是一个普普通通的男孩，一个不思进取的男孩，所以，我不能再继续喜欢他了，除非他改掉了自己的这些毛病，成为一个积极向上的男孩。

写给那个从农村走来求学的男孩。

许诺

看到这儿，我感觉到了自己的血液正不住地往上涌。我知道，她写的这个男孩正是我。

那晚回家，我一直都在扪心自问，难道我真的是那么差劲吗？用她的话，就真的是那种一文不值的男孩吗？或者，我改掉了自己的毛病后，她会喜欢我？

那晚，我失眠了……

从那天开始，我用功起来，因为我的底子不差，所以成绩也有了飞速的进步。每次面对老师的表扬，我都会看到她对我的莞尔而笑。那一刻，我的心变得更加坚决和坚定起来。

7个月后，我回到了乡下的母校，参加了中考。

紧接着两个月后，我就接到了我们县重点高中的录取通知书。

再后来，我就没有进城了。直到我念完高中，考上大学。

大一的时候，一次偶然的机会，我浏览了城里那所学校的网站，在网站的BBS上，我才知道：原来，许诺就是我们班主任的女儿。而我们班主任，当年在大学是读教育心理学专业的。想着许诺日记本上的简单密码，想着班主任平日对我的夸奖，想着许诺不经意的莞尔而笑，我终于明白了她们的用心良苦，那一刻，我十分感激他们。

在人生的路上，我想，只要有一双温暖的手，一颗向善的心，哪怕只是一次谎言，它也会让人变得成熟起来。

凌晨1点的感动

她都五十多岁了，还从事报纸一线编辑工作。

与她一同进报社的，好多都做了副处正处干部，混得最差的，也做部门主任了。我想，这与她暴躁的性格有关吧。我记得刚到单位上班的第一天，因为工作上的一点小小失误，她就冲我发了一顿脾气。

可是很奇怪，报社上至总编辑社长，下至制版校对，没有一个人不尊重她的，我想，这可能与她的年龄有关系吧，毕竟她都是这么一大把年纪的人了。

春节前的一天，单位要加班，主要是排版部的几个小姑娘提前制排春节期间的报纸，陪同加班的，还有她。那天，因为要赶一篇稿子，所以我也回去得很晚。她说：“我家就住在附近，在家里睡觉上半夜也经常失眠。不如在单位和你们一起说说话吧。”这样，大家忙到了深夜。

出报社门的时候，已经近凌晨1点了。

她在路边拦了一辆出租车，盯着司机脸看了看，让司机走了。

司机看了她一眼，骂了声："你有毛病啊！"

她没理司机，然后接着拦了辆出租车，再看了看司机，然后让几个小姑娘陆续地上了车。

车刚发动，她就从包里掏出了新闻采访本，在上面记着什么。

借着路灯，我靠近一看，只见她在本子上记一个号码。我不解，她笑道："现在治安不大好，我在记刚才那辆出租车的车牌号码哩。"

"那刚才呢？"

"刚才我看到前一辆车司机的手腕上有文身，让这几个文弱小姑娘坐上去，我不放心。就等下一辆出租车了。"说到这，她严肃起来了。

听完这话，我的心一震。那一刻，我感觉是自己上班两个月以来最大的收获了。那一刻，我也终于明白为什么大家会如此的尊重她了。

别人尊重你景仰你，更多地，是你先起一步对别人的尊重、景仰和关心。爱是对等的，尊重和景仰也是相依相连的。别以为上天会莫名地给你光环，让别人尊重你、景仰你、爱戴你，那是很不现实的。即使有光环，那也不会是上天给的，那是靠自己的点滴努力和时时关心积攒的，要想自己的身边永久闪耀光环，请记住：尊重他人，便是善待自己。

滴落的心情

下班的时候，空中雪花飞絮，漫天飘扬。

许久都不曾动笔，心如空气，坐在屋内，倾听着窗外滴答的声音，猜想是雨水声，可是对下雪，却始终有着期盼和期待，毕竟在江南，很少会有下雪天，一年之中，也只有偶尔的几次。在我眼里，雪花本来就是上天赋予人间的娇艳和美丽。

忽然想到孩提时期的某个夜晚，和父亲母亲以及三个姐姐一起上楼睡觉，栏杆之外，雪花飞舞，母亲用手电照向天空，那是无尽的美丽，射向星空的光线，将雪花一片一片的分割，那一刻，永远定格在我的脑海中，那种无忧无虑的幸福，却是谁也不能体会的。没有压力，思想简单，父母疼爱，姐姐照顾，童年的生活，永远是那么的美丽和天真。现代人的身心疲惫，和着雪花落地融化，让幸福渐渐地消失了。

我知道，这样的光阴，永远不再回来。这样的幸福，如同镜头前的刹那般短暂，却让人回味无穷。

岁月流逝，当年懵懂可爱的小男孩，却背负着人生的责任，在这个城市散漫地活着。父亲母亲已渐渐变老，姐姐们也早已成家。背负着成长的期待，以及人生的追求，自己变得压抑许多。

我是以多余生命的身份来到这个世界的。在我还没有出世时，我的上面就已经有了三个姐姐，我的到来，带给了家人最大的欢乐，尽管父亲为此丢了饭碗，但他仍洋溢着一脸的幸福，很多时候，我一直在幻想，自己出生的那一刻，父亲的脸上又是怎样的一种表情呢？

每次通电话，父亲母亲都不忘记说上一句话，一定让自己过得好。父母不是哲学家，这种好，又是以怎样豁达的心境去面对人生呢？我想，应该就是让自己快乐吧。快乐生活，快乐人生，为了自己，更为了家人。

窗外的滴答声依旧响着，无论是雪，还是雨滴，终究不能改变的，是一个温暖的心，对家人的爱，对自己的责任，对父母的回报。

明天，还会是一个晴天。

我不会爱你一生一世

在答应男友的求婚后，她问了一个让他男友足足回答了几百次相同答案的问题。

“你会爱我一生照顾我一生吗？”

尽管她知道男友的回答是肯定的，但她仍忍不住地问了一句。

男友想了想，然后说出了两个字。

“不会！”

男友的回答让她很是吃了一惊！她开始后悔了！后悔刚才答应男友求婚时的一时冲动，后悔她当初不可救药地爱上了这个男孩。但她仍不死心，和男友相处了这么多年，她知道，在她心中，他一直是个很稳重老实的男孩。

“为什么？”从她听到那两个字的那一刻，她的心一直都在剧烈地跳动着!

“你应该知道，在这个世界上，每天都会有一些意想不到的事情发生，有时候，这些事情意外得让我们无法接受。”他紧握着她的手深沉地说。

“假如有一天，我得了不治之症，连自己的生命都失去了，那么到时候，我拿什么去爱你，拿什么身体去温暖你，又拿什么双臂去拥抱你呢？”

他说到这儿深沉地看了她一眼。

“假如有一天，你不再爱我了，你的生活中走进了一个比我更适合你、更能给你带来幸福的男孩呢？到时候如果我还对你说：‘我会爱你一生照顾你一生！’因为我的这句话，会让你的情感生活变得多么的复杂，内心世界变得多么的愧疚，心理压力变得多么的巨大啊！既然深爱一个人，那又怎么忍心让她遭受如此复杂的精神压力和情感愧疚呢？”

他再次深沉地看了她一眼。

“假如有一天，我在一场意外的车祸中失去了双手、失去了双腿甚至变成了植物人呢？那么，我凭什么要对你说‘我会爱你一生照顾你一生’这几个字呢？要知道，你还有你的青春，你的半辈子的幸福甚至是你的新家庭！我凭什么为了你的一时感动而说出可能会让你的一辈子的幸福蒙上阴影的几个字呢？

“要知道，在这个世上，我连自己都不敢保证自己的一辈子，那我还凭什么去向一个我深爱的女孩做出一些没有百分之百把握的承诺呢？”

听到这儿，女孩的眼睛一片湿润，搂在他腰上的手也更紧了，扑在他怀里的身体也更温暖更沉稳了！

谢谢你站在我的身边

因为在家中是幺儿的缘故，父母格外地疼爱，所以养成了懒惰的性格。能明天做的事情，我是绝对不会提前到今天的。

结婚后，每次下班回家，都是妻子烧好饭静静地等候我，我吃现成的。要不，我就一边看着电视，一边吃着零食，而妻子则在厨房里像陀螺一样忙碌着。老婆做饭给老公吃，这是天经地义的事情，何况她空余的时间又比较多。

妻子怀孕后，肚子渐渐大了起来，别说做饭，即使是行动，也显得非常的不方便，我就尽量提前下班回家做饭给她吃。有些时候在厨房里，看着燃起的火苗和冒着些许油烟的炒锅，心里忽然一阵阵的烦躁，自己也说不出个理由，许是嫉妒吧。

刚开始一天两天还可以忍受，一周后，实在耐不住这样的烦躁，我呼啦地跑到客厅，对妻子说："陪我一起啊！"

妻子静静地看着我，一声不吭。

忽然间，我有点后悔了，自己干吗这么小气呢。一直都是她在做饭给我吃，我都吃了那么久。而我，只不过才做了一个星期的饭而已，况且她又是孕妇……

我不再说话，安静地回到厨房炒着菜。忽然间，感觉到身后站了一个人，一看，妻子正龇着可爱的小虎牙对着我笑。

谢谢你站在我的身边。看到她，我的心里一阵阵温暖。

特殊的日子

和妻子坐车回家，路上实在太无聊了，手机在掌心里翻来覆去地摆弄着。忽然翻到了万年历，农历12月12日。

"考考你，历史上的今天是什么日子。"妻子调侃道："记得当年中考历史满分70分，你考了69分，看看你可是真的有才！"

"这还不简单。第一个，就是'西安事变'。1936年的12月12日，著名爱国将领张学良和杨虎城扣留了当时任国民政府军事委员会委员长和西北剿匪总司令的蒋介石，目的是'停止剿共，改组政府，出兵抗日'，西安事变最终以蒋介石被迫接受停止剿共一致抗日的主张，导致了第二次国共合作而和平解决。”

“还有呢？”

“1821年12月12日，法国作家福楼拜诞辰；1963年12月12日，非洲小国肯尼亚独立；1994年12月12日，上海地铁一号线开通；1997年12月12日，欧盟开始东扩进程。怎么样？”我得意地看着老婆，说道。

“不错不错，历史的确学得比较扎实。可你忘记了59年前的今天。”

“59年前的今天怎么了？”我绞尽了脑汁，也想不到还有什么具有历史意义的重大事件。

“59年前的今天，你的妈妈，也就是我的婆婆出生了。”

“啊！”我愕然。

忽然想起来，妻子自从怀孕后，就喜欢往家里跑，喜欢和爸爸妈妈在一起。人家都说不做爹妈不知道疼爱，果真如此。

车离家越来越近了，我紧紧地攥住了妻子的手。

妈妈，再听我说段相声

为了实现梦想，20多岁的他参加了一档帮人圆梦的电视真人秀节目。

在录制现场，主持人问他：“请告诉我们，你的梦想是什么？”

“找，找一个地方，说，说相声……”他有些结巴，说话的时候，看上去还有些痛苦。主持人和现场观众都被弄蒙了——一个话都说不连贯的人，居然想说相声？

“你之前说过相声吗？”一脸疑惑的主持人委婉地问。

“是的，说过。”他努力地不让自己紧张，但额头却开始冒汗。

“在哪？”

“在医院里。”

“医院现在不让你说了？”

“是的，所以我得重新找一个说相声的地方。”

接下来，主持人让他现场说一段相声：“你面前有300多名听众，相当于一个小的相声剧场，他们都是你的考官。”他点点头，说了一段传统相声。竟然一点也不结巴，而且声情并茂，观众都很惊讶，报以热烈掌声。

“你为什么非要说相声？”主持人没有因为他刚才不俗的表现而放弃发问。

“为了让在天堂的妈妈能够安心。”他话音一落，现场一下子就安静了，大家想知道究竟发生了什么事。

原来，很小的时候，他因为高烧导致面部和语言神经出了严重问题。母亲想尽各种办法，带着他寻医问药，但病还是没能治好。更糟糕的是，他的语言神经一直不断恶化，如果不能有效遏制，最终会变成哑巴。

后来，一位医生告诉他母亲，说相声能锻炼口舌的协调能力，有效防止语言神经萎缩。于是，母亲买回许多相声光碟，让他天天跟着学。

之后，母亲又在医院给他找了份清洁工的工作，院方还同意他打扫完卫生后，可以给病人说相声。但不久，医院就变卦了，不让他继续说相声了，怕病人在听的过程中，乐极生悲，发生意外。于是，母亲又开始为他奔波，找其他说相声的地方，但直到去世都没找到……

“你还有什么遗憾吗？”主持人问。

“妈妈一直没能看到我再说相声，这是我最大的遗憾。”

“如果这儿就是你以后说相声的地方，而此时妈妈就在上面看着你，你最想说什么？”“妈，下来吧！”他答道。

观众都被感动了，主持人宣布他梦想成真，保证帮他找个说相声的地方。

成功圆梦后，主持人又问他，如果让你再对妈妈说句话，你会说什么？他沉默了几秒，说：“您可以放心地走了！”

请珍惜我的善良

那次去姐姐家，6岁的外甥在幼儿园放学一回家，就哭着扑到了我的怀里，像是受到了惊天委屈。我赶忙抱住他，摸着他的小手问他。

“怎么啦？小子！”

“舅舅，我受委屈了……”

“什么委屈？告诉舅舅好不好，舅舅给你做主。”

然后，外甥这才喃喃地把事情告诉了我。原来在今天上午，他们幼儿园阿姨带着小朋友们观看了一部反映西部小孩穷的吃不上饭、读不上书的电影，看完电影后，好多小朋友都感动得把自己身上的零用钱交给了阿姨。让阿姨帮他们捐出去。

“那你做什么了？”我问。

“我哭了啊！”外甥仍抽泣着。

“哭了？为什么啊？”我很不解。

“因为我身上没带钱。我觉得这些小朋友好可怜啊，我看了好伤心，所以就哭了。”

“你是对的啊！”我还没把话说完，小外甥就把话接了过来。

“可是班上的小朋友都说我哭了没有用。什么也没做，什么都没捐。”

“不。你捐了的，小子！从你哭的那一刻起，你就已经为西部的那些可怜小朋友捐东西了。”

“捐了什么啊？”小外甥不解。

“捐助了你的善良啊！你的眼泪就是你的善良！恻隐之心有时比什么都重要。”

“真的吗？”小家伙破涕为笑。

“嗯！”我坚定地点了点头。

有时候，眼泪就是最好的善良。它比钱物更为珍贵，更能扣人心弦，更能让人感动不已。

为了真诚和爱，请珍惜我的善良。

怀念一条弯曲的鱼

师大毕业前的最后一个学期，我一直都是在考试中度过的，我很倔强，我所参加的，全部是省内重点中学招聘教师的考试。天违人愿，带给我的，是一次次的失利和痛苦的打击，最后，我不得不选择去了特教学校花蕾班教书，尽管在编，可我丝毫都提不起兴趣。

所谓的特教学校，其实就是社会弱势群体就读的学校，学校的班级也很特殊，包括聋哑语班、舞蹈班、盲文学习班等班级，我所教授的花蕾班，所有学生都是从福利院转过来的，他们身体健康健全，唯一的遗憾就是他们没有父母。

几个月后，回母校师大转户口，碰到了系里的师兄，通过系里组织，大家在一家饭店聚会。席间，认识了一位老学长，在渔业局上班，很是意外。随着饭局的逐步进展，大家也逐渐放松起来，于是有人问老学长，现在吃什么鱼最合适。老学长笑了笑说：“我从不吃鱼！”

大家愕然！于是有好事者继续问道：“你在渔业局上班，对鱼应该有很深的研究吧。”

老学长再次笑着点了点头。

“那好，我去餐厅私自点几条鱼，烧好后让你细细地分析下这鱼的状况。”好事者乐了。众人也跟在后面起哄。

大约半个钟头后，好事者回来了，他还带回来了三盘鱼。鱼端上桌，好事者继续问道：“老学长，麻烦你出手啦。”

那老学长笑了一下，看了看鱼说：“三盘鱼，分别是鲇鱼、鲫鱼和鲤鱼。第一盘，是母鲫鱼……”

“停停停。”好事者笑了。“你怎么就把它分出公母了呢？”

“很简单，因为它是弯曲的呀。”你们看，“它的身体一直弯曲着。”老学长忽然间不笑了。

“为什么身体弯曲就是母鱼呢？”这点，大家都非常的感兴趣。

“因为在烧的时候，母鱼会弯曲着身体的。”老学长顿了顿，继续说道：“现在是鲫鱼的产卵期，母鱼习惯性地弯曲着身体保护腹中的鱼子。在油锅里也是一样，刚杀死的鲫鱼仍会保持这一母性的。”

“我也很喜欢吃鱼。但现在的时节，比起鲜美的口味，我觉得我更应该敬畏生命、敬重母爱。慢慢地，我就这么改掉了爱吃鱼的习惯。”

听到这，席间一片沉默。没有人笑了，大家在瞬间变得严肃起来，那几条鱼到饭局的最后还是完整的，没有一个人动筷子。

回到特教学校后，我的心灵有种刺痛的感觉。面对着班里一双双陌生而又熟悉的面孔，忽然间我想起了那条鱼来了。我想，我也要做一条弯曲的鱼。

像玫瑰花一样绽放

黑色的6月，我落榜了。意料之中的事，甚至我都打算，等过完了这个属于我学生生涯的最后一个暑假，我就跟叔叔一块南下打工去。

家门前的街道口，不知道什么时候多了一家鞋店。是一对母女开的，母亲站在店里照顾生意，而她年仅17岁的女儿，则孤独地坐在店后的院子里。那个花季女孩，早在她两岁的时候，就已经失去了欣赏这个美丽世界的权利。仅仅是一个不入道乡村医生的那致命一针。她母亲告诉我的时候，眼睛一直都是闪烁着的，像是为女儿的不幸而惋惜，更像是为自己的过失而自责。

女孩叫萧依依，一个很好听的名字。是我和她聊了一下午，她才告诉我的。她的性格很开朗，笑声也很好听。可是我知道，无论怎样，现实中的那层黑暗会成为她心头上的一块阴影，始终抹不去。末了，她问我是干什么的，我告诉她说自己是一个今年高考的学生。她接着问我考得怎样，我违心地告诉她自己考得很不错。听到这话，她笑了起来，说道："那一定能进大学喽！"我嘿嘿一笑。不知道为什么，听到这里，我的心里有一丝丝阴凉的感觉。

几天后再去看她的时候，她正在摸索着用一把小铲子，给盆里的一棵玫瑰花松土。我告诉她："玫瑰是代表爱情的，你怎么种起了它啊？"

听完我的问话，她一阵阵惊讶地回答道："我不知道自己种的是玫瑰，更不知道玫瑰是代表爱情的，我只知道去年它开放的时候，枝子上有好多的刺，但花摸起来很舒服，很美丽。"然后，她又问我玫瑰花是什么颜色的，我说是红色，听到这，她更是一阵阵的惊奇："原来，这红色就是代表着美丽的啊！那你的录取通知书也是红色的吧，也一定很美丽吧。"

我无言，顿了好一会才说道："我也不知录取了没有，因为我还没有接到通知书。"

"那你成绩考得怎么样啊？"她急促地问我。

"刚达分数线！"说这话的时候，我分明听见自己的心跳声。

"那就好，你就耐心等通知吧，我相信你！"说到这，她紧紧地握住了我的手。我的脸也一阵阵发红。

从那里匆忙地逃出来后，我一连好几天都躲在屋里看电视、睡觉。从殷实淳朴的言语里，在那中肯信任的双手里，我第一次读懂了深深的自责。

又去她那儿，是在我有坦诚自己的念头下。真的，那番谎言成了我心头的一块乌云，让我一连好几天都抬不起头来，更让我的心久久不得宁静。

刚进她院子的门，她就反应过来了。问了一句："是冯有才吧！"

我沉重地应和了一声。端来了一条小凳子在她身边坐下，刚准备开口告诉她事实的时候，她就已经用手在嘴边先做了一个"嘘"的姿势。然后说道："让我先说，让我先说！"

我再次沉重地应了一声，她便开口继续道：

"我知道，你今天一定是来告诉我关于你高考的好消息的。对吧？你知道我这几天心情很郁闷，你就想通过这个好消息来让我开心。是吧？"

听到这，我愣了，又决定临时改口了 。

"是啊！我通过168信息服务台查了，自己已经被省内的一所师范院校录取了，现在正在等录取通知书呢！"

听完我的话，她开心地拍了拍我的肩膀。说道：

“我就知道，我的朋友肯定是有能耐、有才气的，是吧？”那架势，倒像是她自己考上了一样。

我低头再次应和了一声。声音很小很小，小得甚至连我自己都听不清了。

“你是我的第一个好朋友，真的，从小到大，都没有什么人愿意和我交往，更不必说是和我做好朋友了。”她又开口道。

听到这，我的眼睛有些模糊了。我知道，曾经只在文字里出现的“美丽的谎言”这几个字，如今，真的在我身上开始了。我不知道自己是打破这个谎言，还是给她留个美好的回忆。

最后一次去她那里，是我准备动身去打工的前两天。去的时候，我带了一张贺卡。她见到我，很开心，同时又责怪我为什么这么久都不去看她。我告诉她：“我这段时间正忙着办理户籍转移、团组织关系转移等各项零碎的入学手续。所以没有时间过来看她。”听到这，她才开心地笑了起来。

我及时地把贺卡递给了她，说道：“这是录取通知书，你看看！”说到看这个字的时候，我故意把声音压得很低很低。她把贺卡放在手心，摩挲了好久才说道：

“原来大学的录取通知书是这个样子啊！”分明间，我听到了她颤抖着的声音。

我的心再次一阵寒蝉，说道：“我就要走了，希望你好好保重自己，更希望你能够天天开心。”

她再次紧握着我的手，说道：“你也是！”然后，慢慢地摸到了那盆玫瑰，把它捧在手中，说道：“我把这盆花送给你，送给我最亲爱的朋友！希望你能像这盆玫瑰一样火红美丽！”

我拒绝了她。我知道，这盆花，这份祝福原本是不属于我的。我现在还没有力量去捧起这份沉甸甸的玫瑰与祝福。我说道：“不了，还是你留

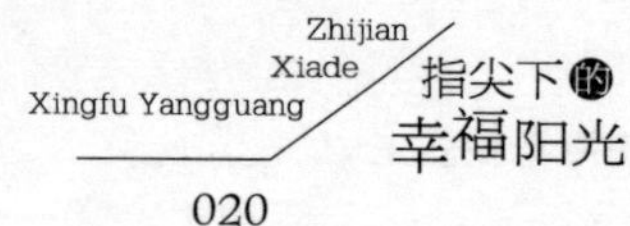

着吧。再说，这花我也不好带到学校，等到它再开的时候，我再来看你，好吗？”

听完我的话，她很失落。但仍拂之不去她的那份喜悦，仅仅是因为我的到来。

回到家，我对爸妈说：“我要复读。”听到这话，他们很是一惊，然后，很快就同意了。在我复读的那年里，我出奇的用功。其程度，甚至都超过了父母、老师的想象。在我的每本书上，我都会用力写上两个字：玫瑰。好多同学都笑着问我：“玫瑰是代表爱情的，你写在这里干什么？”我无言。但我知道，在我的内心深处，这份玫瑰，代表着的，是那份纤然有力的友情，代表着那份包含着满腔真情的祝福。

一年后的我，坐在大学校园里的石凳上，写下这篇稿子时，我就暗下决心：这个假期，我一定去看看这个女孩，一定去要回那份现在才属于我的友情玫瑰!

盒子里的母爱

自母亲因操劳过度而去世后，琳达一直很伤心。更让她伤心的是，没过几个月，父亲便又娶了一个叫菲莉的女人。让一个十四五岁的孩子对新过门的继母产生好感，并友好热情地对她，这无疑难于登天。

看着菲莉整天在家里指手画脚，俨然一副女主人的样子，琳达对她更不满了，并将这种不满转移到父亲身上。琳达开始觉得，母亲的死跟父亲有很大关系。如果他不是只知道在外忙着工作挣钱，丝毫不顾家里，母亲也就不会死了。

琳达不想看到父亲和继母，她开始整天把自己关在房里，除了一遍又一遍地翻看母亲生前的照片，以及阅读母亲之前发到她手机上的短信外，再也不愿意做其他任何事。

这天，父亲又外出了，家里只剩下琳达和继母。吃午饭的时候，继母手捧着一个长长的木盒子，敲开了琳达的房门："恕我冒昧，这是我在整理你母亲房间时无意间发现的东西，我想它应该归你保管。"

等继母走开后，琳达才小心翼翼地打开盒子，里面竟是一幅莫奈的画！这幅画并非赝品，因为盒子里还放着一张法国政府艺术品鉴定委员会出具的鉴定证书。

这让琳达很惊讶。她知道母亲曾有一段时间非常迷恋收藏名画，但很快便因为总是看走眼，买了不少赝品而草草收场。没想到她居然弄到了一幅真画，而且是大师莫奈的！

就在这时，琳达又发现画的下面还有一封没有封口的信。她小心翼翼地打开信，只见上面写着："亲爱的琳达，我不知道你何时才会看到这封信，但无论如何，这都是妈妈留给你的财产。这幅莫奈的画至少值160万美金，而且我深信它还会不断升值。妈妈想告诉你的是，只要你换个态度和情绪去面对不如意，那么任何事情都会有转机。就像妈妈一样，以前收藏了无数赝品，但终究还是弄到了一幅真画。"

母亲的这封信，让琳达一下子醒悟过来。是呀，母亲已经离去，自己一味地沉浸在伤感之中，并怪罪父亲和继母，这都是无益的，唯有振作起来，才能让在天堂的母亲高兴。此后，琳达开始主动对父亲和继母示好，家里又飘荡起温馨快乐的空气。

3年后的一个晚上，琳达陪父亲外出散步，她随口问了一句："您知不知道妈妈生前曾收藏过一幅莫奈的名画？"

“不会吧，你妈哪有那本事，倒是你菲莉阿姨，她有一幅莫奈的名画，有人想出160万美金购买，但她不肯卖，说留着将来有用。可这几年都没再见到那幅画，而且她还不让我告诉你，她曾有收藏名画这个爱好……”父亲说道。

琳达停住脚步，顿时明白了一切。

健忘的母亲

母亲的年龄越来越大，记性也比以前差了许多，时常忘记很多事情。

自己过生日的前一天，还和老婆商量了一晚上，怎么给我快乐地庆祝庆祝。老婆说：“这是儿子出生后，你过的第一个生日，一定要隆重地庆祝。可不能有了儿子忘了老公。”我偷着乐了很久。

早晨5点多，天刚蒙蒙亮，没等我从睡梦中醒来，手机就响了，是父亲打来的。这么早打我电话，一定是有急事。

果不其然，父亲告诉我，母亲从前天开始，小腹就疼痛不已，已经疼了两天了。听到这，我一惊。父亲说：“你打个电话到市立医院去，你不是有个同学在那里做医生吗？有熟人好些。”我忙安慰父亲：“别急，先带母亲去检查，检查好了看情况再说。现在不明白情况，就不好冒昧地去找人家。”父亲默许了。

然后是一上午焦急的等待。到了十一点多的时候，父亲打来了电话，电话那头他告诉我，上午抽血化验了，然后做了B超。母亲的小腹疼痛，是因为阑尾炎发作。不是很严重，不用开刀，但是要坚持吃药输液。听到这，我的心稍稍缓解了几分。我问父亲："妈妈可在旁边，我和她说两句。"他说："你妈妈现在去休息室输液了，好多的药今天都要吃完，好几瓶液要输，估计天黑了才能回家。"我说："那好，我下午下班后再打电话。"

因为担心母亲，这一天，我再也没有心思过所谓的生日了。

到了6点多钟，我赶紧打了一个电话，母亲接的，她说道："刚到家，你父亲去厨房做饭了。"电话那头，母亲声音很轻很轻，夹杂着疼痛的呻吟声，几乎都很难听清了。她安慰我："没事没事的，就是轻微阑尾炎，吃几天药，输几天液就好了。"然后是长长的叹息，那是疼痛时强忍不住所发出的痛苦声。听到这，我的心里一阵酸。电话快要结束的时候，母亲突然说了一句："我记得今天是你生日，记得煮个鸡蛋吃吃，搞点好东西吃吃。一年只有一次！"

听到这，我泪眼婆娑。

记得小时候过生日，母亲都是蒸粑、杀鸡给我吃，每年都很丰盛。即使生日前后几天犯了再大的错误，她都会微笑着纵容。岁月流逝，这样的场景不再出现，而今年生日里这场电话，却让我刻骨铭心，不能忘记。

很多人都知道"儿的生日，娘的难日"这句话。可是，又有多少人能够真切体会呢？如果不是拥有一个故事，一段经历，谁也不会在意这句话的含义的。从今年开始，从这个生日开始，我牢记了这句话，牢记了这份爱。因为健忘的母亲，哪怕是在自己身体生病的时候，都不曾忘记儿子的生日，不曾忘记这个特殊的时日。

妻子说："儿子的生日，她一辈子都会记得，哪怕是年老健忘了。"我深信不疑，因为从我出生的那一天起，母亲就用一辈子的记忆告诉我了。

她一无所有，但她却是这个世界最富有的人之一。因为她拥有那份广博自然的爱，以及对美好的种种期待。

第二辑 快乐人生的幸福味

幸福是什么味儿，是经历过墨水、汗水、泪水、泥水后的开怀一笑，是经历过种种故事后的一次次回忆。

当希望变成期望，快乐自当无敌。

一个人的节日

格林·斯特朗特出生于美国华盛顿州，在他5个月的时候，他的父母把他带到了法国小镇尚博莱，尚博莱镇位于法国东北部洛林地区附近，距离英国仅几百千米。

格林·斯特朗特的父母亲是普普通通的教师，他的人生经历，并不是因为家庭背景而变得传奇。从格林·斯特朗特开始记事起，他就从来没有离开过药物。先天遗传的疾病，让他的身体变得十分糟糕，但这并不影响他的心情，他给人的印象，始终都是一个开心微笑的男孩。

从8岁生日的那天开始，格林·斯特朗特就爱上了派发礼物。他送给朋友们的，是他自己亲手制作的玩具、贺卡等。有一个名叫阿尼芬的犹太小男孩，特别喜欢收藏格林·斯特朗特制作的贺卡，他觉得格林·斯特朗特制作的贺卡就像一张张艺术品。对此，格林·斯特朗特十分高兴，即使是坐在轮椅上。

感恩节的前一天，格林·斯特朗特在小镇的街道上，特意购买了一批彩色的升空气球，然后邀请小伙伴们在感恩节这天来自己家中。第二天，阿尼芬带着一帮孩子来到了格林·斯特朗特家里。那是一个阳光温暖的冬日，猫儿懒洋洋地躺到院子角落睡觉，孩子们却显得十分的精神。格林·斯特朗特提议，每人制作一张贺卡，外加一份小礼品，通过升空气球的漂浮，送给英国的孩子们。格林·斯特朗特在他的贺卡上写道：冬日虽冷，阳光依旧普照大地。我虽不能站立，但我一样可以翱翔。对于孩子们来说，这次可能只是一次游戏，对格林·斯特朗特来说，却成为了一次翘首的期待。

一个月后，也就是在圣诞节前夕，孩子们收到了一个发自英国的包裹，那是一份圣诞礼物，每人一个可爱的泰迪熊。同样的祝福语也写了进来，唯一不同的是，不是通过气球漂浮来的，而是邮局邮递来的。收到礼物后，孩子们显得非常高兴，用这个新奇的联络方式获取友谊的新奇已远远超过了礼物的本身价值。那一个月，孩子们都在欢呼雀跃地谈论着这个事情。

1940年的5月，小镇开始变得沉重起来，不久，纳粹德军占领了小镇。格林·斯特朗特失去的第一个伙伴，就是阿尼芬。他清楚地记得那天早晨，阿尼芬和他的父母，被强行拖上德军军用卡车的情景，阿尼芬上车前看着格林·斯特朗特的目光，让格林·斯特朗特一辈子也忘不了。由于德军的残暴，小镇上的居民开始陆续地搬走了，孩子们的离开，让格林·斯特朗特变得孤独起来。因为他的父母是美国人，所以德军并没有为难格林·斯特朗特一家。

再后来，出现在镇子上的，是一群德军军官的孩子们。躺在院子里的格林·斯特朗特，看着这群嬉闹的德国人，心中有着说不出的感觉。他怀念以前的伙伴们，怀念和阿尼芬在一起的日子。可是，这样阴霾的天气，让他窒息的厉害，他是无论如何也开心不起来的。

不久，小镇的上空漂浮了大批的气球，那是格林·斯特朗特释放的，开始的时候，德军显得十分谨慎和不安，他们担心有人从事间谍行为。当他们了解到是一个残疾的美国小男孩放的气球后，便没有再说什么。每一个气球之上，都是格林·斯特朗特用法语书写的一句话：冬日虽冷，阳光依旧普照大地。我虽不能站立，但我一样可以翱翔。这样的情况持续了很久，以至于后来，人们会经常看到，小镇的上空会出现大批漂浮的气球，很是漂亮。

英国和法国的许多民众收到气球，都认为这是一个名叫格林·斯特朗特的反德盟友释放的气球，大家也开始熟悉并记住这个名字了。由于病情的不断恶化，格林·斯特朗特的身体逐渐衰弱，1941年的感恩节前的一个礼拜，格林·斯特朗特离开了这个世界。

再到伙伴们回来的时候，小镇依旧是小镇，只是少了可爱的格林·斯特朗特。长大后的伙伴们很怀念他，他们记起了几年前格林·斯特朗特转送给他们每人一个的泰迪熊。远在几百千米外的英国，怎么会全部一个不少的收到他们的气球卡片呢？怎么会一个不少的给他们赠送礼物呢？孩子们开始怀念格林·斯特朗特了。镇上的居民们也开始怀念那天空布满气球的风景了。

格林·斯特朗特不是一个名人，但他却成为了这个小镇的明星。他的那句“冬日虽冷，阳光依旧普照大地。我虽不能站立，但我一样可以翱翔”，却成为了人们在最苦难时期，相互鼓励的语言。

而格林·斯特朗特，也成了小镇的一个传奇，法国的一个传奇，美国的一个传奇，甚至英国的一个传奇。甚至有人传说，英国的伊丽莎白女王也曾收到过这样的气球，战后她甚至想给这个释放气球的人颁发一个荣誉勋章，只是听说格林·斯特朗特已经离世，这才作罢。

今天的尚博莱小镇，在重大节日里，居民们的家门口，仍然会悬挂几个气球。并且每隔两年，小镇都会举办一场世界性的气球节。来自全世界各地的气球绽放在小镇的上空，让这个小镇变得美丽温暖。

今天，当人们进入小镇参观时，首先会在镇子的入口看见一个雕像——一个空旷寂寞的轮椅，轮椅的下面写着一行字：冬日虽冷，阳光依旧普照大地。我虽不能站立，但我一样可以翱翔。

把玉米“圈进”财富里

在美国亚特兰大北部的一个乡村里，有一名叫约翰·凯恩的农民，多年来，约翰·凯恩一直继承家族的传统，靠种植玉米为生。但由于玉米在美国是一种极其廉价的农作物，因此很难卖出一个好价钱，所以虽然约翰·凯恩非常勤奋地耕耘着家中的十几亩玉米地，但也仅仅是养家糊口而已，无法因此而过上富足的生活。

后来，约翰·凯恩的儿子小约翰从学校毕业后，也加入到种玉米之中来，帮父亲一起耕种玉米地。有一次，他们从外面请来了24名工人来给玉米地锄草，其间，天突然下起了大雨，结果把24名工人全困在郁郁葱葱、半人高的玉米地里，原来是因为十几亩的玉米种得错综复杂，第一次来这里干活的工人根本找不到出口，直到约翰父子把他们一一领了出来。

这件小事一下子触动了小约翰，他从中看出了一个致富的新商机。接下来，小约翰到城里请来了几个美术和植物园艺剪裁高手，让他们帮自己在玉米地里设计和剪裁出一个大的玉米“怪圈”迷宫。

当这个绿色的迷宫被设计好后，约翰父子又邀请城里的旅客前来自家的玉米迷宫里参加捉迷藏和寻找出口的游戏，并且适当从中收取一些费用。

很快，这一新型的、放在大自然中的娱乐游戏大受人们的欢迎，前来感受玉米怪圈迷宫的神奇魅力的游客越来越多。如今每年约翰家的玉米地接待的游客达15 000多名，由此他们也从中大赚了一笔，其收入比之前单纯卖玉米要多出无数倍。

无独有偶，在埃及有一个村庄，由于地处偏僻，资源贫乏，而且文盲人口众多，因此多年来一直是埃及最贫困的村庄之一。虽然一届一届的村主任也都是想尽办法来脱贫致富，但最终都是因为没有什么有效的招数而不了了之。因此，当其他的村落都一个个先后发展起来了时，这个村庄的面貌依然还是跟几千年前的古埃及村庄一样，贫穷而落后。

后来，一位“空降”过来的村主任突发奇想，他认为，既然他们现在的村庄和很多年前的古埃及村庄基本上没有什么两样，那么就干脆在贫穷落后上做足文章，打造出一个现实版、活着的“古埃及村庄”，这样一定会吸引不少人过来参观旅游，贫穷落后也是一种文化旅游资源。

于是，村主任开始带领村民在原有的基础上，把村里所有的房屋都改建成古代埃及时的模样，之后，村主任又精心挑选了250名村民，让他们入住改造后的“古埃及村庄”，并将他们的生活全都“古埃及化”，让他们完全按几千年前埃及人的穿着打扮和生产生活劳动，每天都牵着牛羊出去干活、拉磨。

同时村主任还请来了植物学专家，在他们的帮助下，重新恢复了在埃及灭绝了1900多年的纸沙草的种植，并且让这些纸沙草成为埃及传统手工编制工艺品的原料，仅这一项就为近万人提供了就业和工作的机会。

“活着的古埃及村落，最原始、最原汁原味的古埃及文明”，这样的宣传口号一下子吸引了众多外来旅游者，人们纷纷从世界各地赶过来，目的就是来看看作为人类历史上最为古老民族的古埃及人，到底是每天怎么生活的。

而其他250名之外的村民则负责后勤保障工作，为游客们提供餐饮、住宿等服务，或者推销旅游纪念品。

仅仅用了一年的时间，这个村落就发生了翻天覆地的变化，旅游收入让他们的腰包鼓了起来，彻底脱贫了。

从单纯的种玉米到打造玉米绿色迷宫，从始终如一的守贫到“因贫”利导的古埃及村落，思维观念的转变带来的是令人瞠目结舌的美好结果。而这一切仅仅是需要做到玉米不当玉米卖，贫穷不当贫穷看，而是设法将它们“圈进财富里”。

二十八朵玫瑰花

汉斯先生是一个十分古怪的老人，已经六十五岁的他，开了一家鲜花店，而且是以玫瑰花为主，这让小镇上的许多人惊讶不已。

尽管如此，汉斯先生的花店生意却十分的红火，于是，他也成了小镇上仅有的几个富人之一，他没有妻子儿女，所以很多时间里，他都很有爱心的把自己的钱财捐给镇上的孤儿院以及穷人，同时，他还经常去社区教堂做义工，可是他有一个很奇怪的癖好，在他捐助别人的同时，他也提出了一个要求，就是必须在他的花店里买二十八朵玫瑰，否则他会很不高兴，甚至有一次仅仅因为这个原因，他还把自己已经捐助给别人的东西要了回来。

大家对汉斯先生很感兴趣，可是对于他的了解，却一直都是停滞不前，大家只知道在十年前冬天的一个夜晚，汉斯先生出现在这个小镇里面，并且一待就是十年，从此，小镇上多了一家鲜花店，也多了一个有怪癖的热心人。

忽然间有一天，汉斯先生病了，病得很厉害，于是，小镇上陆续有不少人去探望他，可是不知道是怎么的，汉斯先生的病就是一直不肯好，一直脸色苍白，手脚冰冷。医生说，如果汉斯先生再不能好的话，可能他熬不过这个冬天了，这让大家担心不已。尽管他们和汉斯先生只相处了十年，对于这个充满爱心的老头，大家毕竟还是很有感情的。

于是，在一个下雨的周五，小镇教堂的教父带着一群孤儿来到了汉斯先生的房间，这群从小失去父母的小孩，一直受到汉斯先生的疼爱和照顾。正当孩子们陆续地吻他额头时，教父忽然发现了床头边一本很破旧的圣经，出于习惯，教父拿了起来。就在他正准备大声为汉斯先生祈祷和祝福的时候，他看到纸上的字呆住了：

我亲爱的莉娜，我们分别十年了，
在那如春的风景里，你是否仍充满光彩和美丽？
但是我知道，你一定很幸福。
因为你曾经深情地吻过那群天使，
因为你给予了他们温暖的气息，
还有，你给了他们一片湛蓝的天空以及清新的空气。
如今，你得到了一群精灵，
他们是上帝的宠儿，
你也是上帝的宠儿，
你还是我的宠儿。
可是，美满的爱情，
却不能给你爱的玫瑰。
结婚的二十八年，
一朵也没，
除了叹息，
一生都无法弥补。
于是，我不想让更多的我出现，
二十八朵玫瑰，

在你的心里，

捧在大家的怀里，

散布在这个世界里。

——写在爱妻莉娜病逝十周年里

读到这，教父终于明白了这个充满爱心的小老头有如此怪癖的缘由了，他的双手也在不住地颤抖着。

第二天，天气突然晴了起来，早晨温暖的阳光射进房子里，汉斯先生颤抖着走了出来。打开门，他发现自己的房子成了花店，一束一束的玫瑰花，从门口围起，将他的房子围成了心形。每束玫瑰花里，整整包扎了二十八支鲜艳的玫瑰花。花蕊深处，有着淡淡的幽香，他嗅了起来。

那一刻，他忽然变得温暖起来。全身也随之一阵发热，他只感觉，自己又回到了十年前，包括他的健康。

别提她的名字

少年沈从文独自外出谋生，不久就当上一支部队的司书（文书）。谁知，他所在的部队很快就被打散了。他领了遣散费，回家了。

回到家中在8月左右。住到12月，家中实在待不住了。他只得另谋生路，于是去了沅州。

在沅州，沈从文暂住在一个卸任县长舅父家中。不久他舅父做了当地警察所长，沈从文也就做了那家警察所的办事员。他的舅父，在本地也算是一号响当当的人物，他对沈从文的能力异常称赞。

沈从文那时的薪水每月虽然不多，但一切事都做得有条不紊。见到沈从文在沅州混得还不错，加上这里的亲戚又多，他的母亲同姊妹，就把家中老屋卖了，带上约三千块的房钱，坐了轿子来到沅州，准备长期在这里一同住下。

没承想，沈从文做警察所长的舅父，却害肺病死掉了。因他一死，本地捐税抽收保管改归一个新的团防局。还算不错，沈从文得到了职务上“不疏忽”的考语，仍然把职务接续下去，改到了新的地方，做了新机关的收税员。

就在那里，事情的确发生了“转机”。沈从文在这里认识了一个“白脸长身”的男孩子，小男孩同沈从文十分要好。半年后，这个男孩子的姐姐——一个脸儿白白的身材高的女孩，把沈从文的生活彻底弄乱了。

有一天，这个样子很诚实的男孩子很和气地邀沈从文到他家中去看他的姐姐。沈从文爱写诗、女孩子爱读诗，这个“白脸女孩子”跟沈从文聊得很投机。一来二去，两人谈起了恋爱。

沈从文家卖老屋所得的余款全部都放在她身上保管。有一天，那“白脸女孩子”突然向沈从文借钱，说有急用，第二天肯定还。沈从文想都没想就答应了。对方果然很守信，第二天即刻还钱。就这样，三天两头借，隔三差五还。

结果，借来借去，对方总共欠有一千块左右的钱一直没还。不久，对方就隐遁了。沈从文也觉得自己无脸在沅州待下去，也走了。

许多年以后，有人给沈从文作传。作传人从沈从文口中获知当年那“白脸女孩子”的真实姓名后，就把这件事的始末连同“白脸女孩子”的名字一起写入《沈从文传》中。

沈从文知道这事后，连忙打电话给他作传的作者，要他别提那个“白脸女孩子”的名字。作者以为沈从文至今还没忘却“白脸女孩子”对他的伤害，非常痛恨她，甚至连她名字都不愿意提起，就听从沈从文的意见，把她的真名删了。

后来，作者再见到沈从文时，沈从文对作者解释道：“我这个人一生受过不少伤害，最知道被人伤害的滋味有多难受。我听说那位老太太（即当年那位白脸女孩子）还健在，不要因此给人造成损害。做人还是宽厚一点儿好！”

我要让你很快乐

约翰·卡尔特衣出生于意大利北部的一个贫穷小山村，当他活在这个世界上的时候，他是全世界最富有的珠宝商人。

约翰·卡尔特衣从小就流浪到美国，吃尽了人间的苦，在街头卖艺、乞讨、送报纸、给别人看门，总之，没有一件事很让他做得舒坦和开心。然而，他还是坚强地熬了下来。在60岁的时候，他终于成为了这个世界上最富有的珠宝商人，他在全世界88个国家和地区都开有自己的珠宝连锁店。他的后半生汲足于珠宝的真伪之辨，并幻想在此中找到失却的乐趣。

而在员工们的眼里，老板约翰·卡尔特衣永远是这个世界上最严肃的人，永远板着一张充满皱纹的脸，除了看见稀世的宝石外，员工们很少看见老板会笑。

然而，全世界的人仍然永远记得约翰·卡尔特衣这个名字，让他闻名全球，缘于一次偶然。

一天，约翰·卡尔特衣去一位生意上的伙伴家做客，在聊天的时候，生意伙伴的小孙子——一个8岁的小男孩一直在客厅的地毯上玩耍着，他的玩具，是一大堆珠宝。出于职业习惯，他很随意地看了看那些玩具宝石，出乎他的意料，那里面竟然有至少一半是真宝石，那些宝石，每一枚都值至少好几十万美元。

在他吃惊的目光下，小男孩丝毫感觉不到宝石的珍贵，依然开心地玩着，整个房间的空气，也随着那个小男孩的笑声，变得其乐融融了。

那是约翰·卡尔特衣第一次怦然心动，那个小男孩开心爽朗的笑声，也成了他内心深沉的感动，看着那闪光的宝石，那一刻，他看见了自己的粗鄙——从出生到现在，他从没有感受过任何的快乐。

之后，他设立了一个快乐儿童奖，它是全世界最奇怪的一个奖项——如果你生活得很快乐，我就给你钱。

这个时候，全世界的人都记住了他的名字，都知道了他的口号——我要让你很快乐！

这个时候，约翰·卡尔特衣不只是一个珠宝商人了，因为他成就了人间许多最美丽、最灿烂的笑容。

最美的力量

2001年9月的第二个星期二，将是詹姆斯太太此生最难忘的一天。她的丈夫道尔琼斯顿·詹姆斯，作为一名国家消防队员，为扑灭“9·11”恐怖分子撞击后熊熊燃烧的大厦，而英勇献身了。在同一时刻，正在双子大厦一旁4楼办公的她曾亲眼看见她的丈夫进入熊熊燃烧的大厦，直到最后被烈火烧透后坍塌的大厦所吞噬。于是，这一天便成了詹姆斯太太的人生定格点。甚至，从这天开始，她就对火光有着一种莫名的恐惧，她害怕看到火光，接触火光，因为在她的脑海里，始终有着一幅画面，一幅她丈夫在熊熊大火里拼命挣扎的画面。

失去丈夫后的詹姆斯太太，依然在每个月的第二个星期日，带着她8岁的女儿艾丽丝和6岁的儿子比尔，去她们的社区教堂做上一天的义工。这不仅仅是詹姆斯太太信仰基督信仰上帝的见证，更是为她那已升入天堂的丈夫詹姆斯的一次次祈祷与祝福。

3个月后，詹姆斯太太依旧带着她的两个孩子去教堂做礼拜，她6岁的儿子比尔穿着一件深红色的上衣显得尤为可爱。看着乖巧的小比尔，詹姆斯太太在百般忧郁中，仍带着一丝欣慰，至少她觉得：道尔琼斯顿·詹姆斯是她人生中的第一个男人，她的上半辈子的希望，而她的小儿子比尔·詹姆斯，将是她下半辈子唯一可以依靠的爱子，唯一可以依靠的男人了。她爱比尔，甚至超过了自己的生命，对此，她从未怀疑过。

在教堂做完祈祷后，小比尔仍留在教堂玩耍。而詹姆斯太太和她的女儿艾丽丝，则在教堂后的一大块空地上清理着，这块空地是教堂打算在平安夜用做集体活动的场所。和詹姆斯太太母女一同干活的，还有一大群基督信徒。艾丽丝学着她母亲的样子，也用力地拔除着空地上早已枯萎的许多小灌木。

忽然间，詹姆斯太太看到教堂窗口冒出了股股浓烟，瞬间，她的心悬了起来。紧跟着有人大喊着："教堂着火啦！快救火！"顿时，人群乱了起来，有人忙拨打911报警电话，有人忙着准备水桶救火，而詹姆斯太太，则如同箭一般地跑向了教堂。要知道，她的小儿子比尔此时正在教堂里，那是她现在唯一的希望，她绝不能再失去比尔了，绝不能！

火乘着风势，越烧越大， 在詹姆斯太太刚跨到教堂的时候，教堂里早已是火光一片了。透过教堂的窗玻璃，詹姆斯太太看见教堂的浓烟里有个穿着深红色上衣的小男孩正在拼命地摸索、挣扎着，那是一阵撕心裂肺的呼叫声，每一声都直刺向詹姆斯太太的心脏。詹姆斯太太知道，那是她的比尔，那是她下半辈子活着的唯一希望。此刻，她箭般冲进教堂。尽管教堂里的浓烟早已让人睁不开双眼了。

两分钟后，詹姆斯太太冲出了教堂。尽管浓烟已经完全让她睁不开双眼了，但她的怀里仍紧紧地抱着她的儿子比尔。

十分钟后，詹姆斯太太的眼睛已经缠上了白纱布，医生给她做了个全面的检查，在确定詹姆斯太太身体确实安然无恙后，才放心地离开了病室。而此时推开病室门的，则是教堂的神父，他和蔼地告诉詹姆斯太太道：

“上帝保佑你！你是一个好人！你和你救的那个穿着深红色上衣的黑人小男孩平安无事，上帝保佑你！阿门！”

黑人小男孩？詹姆斯太太的心一惊，然后急急忙忙地问神父：“我救的那个孩子不是比尔？是黑人小男孩？那我的比尔呢？我的儿子比尔怎么样？他在哪？”

“他也依旧平安。此刻，他正在向这走来呢！说不定已经快到医院了。哦对了！差点忘了告诉你，教堂起火的时候，你的小比尔正和这个黑人小男孩在玩换衣游戏呢！而你的孩子，早已经被那个黑人小男孩的父亲救走了！”

听到这，詹姆斯太太顿时松了口气。她感觉自己才是这场大火的真正胜利者。因为在这场大火中，她收获了小比尔学会与人友善相处时作为人母的那份幸福，收获了比尔被他人所救时的那份友善，更重要的是，她的惧火心理，终于被彻底打败了。而打败她这畏惧心理的，正是不朽而勇往直前的母爱。这，才是真实而自然的勇气。

这时，病房门口响起了敲门声。她知道，这次是小比尔来了 。对！一定是比尔那臭小子。想到这，詹姆斯太太躺在病床上笑了起来。

大师的小处

京剧“余派”大师余叔岩出身梨园世家，父、祖两辈皆为名震一时的卓越演员。他幼年师从多人，学艺非常认真。童伶时期，便以“小小余三胜”的艺名在天津“下天仙”戏院登台，以扮相漂亮、嗓音圆润而享誉一时。

当年，他醉心谭派艺术，只要有谭鑫培的演出，必去观摩。25岁那年终拜在谭的名下，正式成为谭的弟子，在近三十岁时一举成名，成为公认的谭派艺术第一继承人。

1929年，余叔岩约请梅兰芳合作表演京剧《打渔杀家》。京剧《打渔杀家》的故事出自《后水浒》，剧中的主人公肖恩，相传就是《水浒》中的阮小二。

这部戏的剧情是，宋江等人招安后，肖恩开始心灰意懒，企图委曲求全。后来在严峻的现实面前，一切幻想破灭后，他终于重新下定决心，走向抗争道路的一段过程。

在那部戏中，梅兰芳扮演的桂英先在幕后先声夺人地唱了一句：“江水滔滔白浪翻。”余叔岩扮演的肖恩紧跟着高喊一声：“开船呐！”舞台上，父女二人，一前一后，“摇”着桨边唱边舞到了台前。在锣鼓的配合下，观众仿佛看到了一叶扁舟，荡漾在汪洋的江面上。

余叔岩在表演捕鱼撒网与收网动作时，显示出大师处理细节的功力。他唱完“我的儿掌稳舵父把网撒”后，在台上传神地模拟出向江中“撒”出“网”的动作。

一般演员在表演这个“撒网”动作时，都能做得八九不离十，而做“收网”动作时，不免就有点失真了：三把两把的，轻易地把“撒出去的网”“提”了上来。这样做，看上去很潇洒，与剧本上要求体现肖恩因年老而出现的“闪失”动作，就产生了前后矛盾之处。

对这个不起眼的细节，余叔岩是这样表演的：他先一把两把，轻松地把手中的“网”往回收，待收到最后一把时，他的左腿向前“迈”了半步，左手用力把“网”托上来。

为何要如此做呢？因为收头两把时，网在水中有浮力，是比较轻松的，待到“网”离开水面后，里面即便没有鱼，至少也会有泥水的。有了分量，就必须要加力托起才行。

为表现“收网”这个动作的力度，舞台上的余叔岩演活了年迈时的肖恩，只见他左腿猛一“用力”，立马造成“小船”的重心发生了偏侧，他一下子失去了身体上的重心，不由自主地“失闪”了一下。

这个身不由己的“动作”，自然地引起了女儿的怜惜，连忙抱前扶住，并顺其自然地引出了女儿的台词：“爹爹年迈，这河下生意不做也罢……”

余叔岩对这个细节到位的处理，使得这部戏的整体发展更显得前后有序，合情合理。这部戏，后来成为了京剧艺术的经典之作。

小处其实不小。演绎好小处，才能成就大处。

吃葡萄的狐狸

在一个果实飘香的秋季，一只老狐狸无意间经过一个四周被围墙围住的葡萄园。

它有一只非常敏锐的鼻子和一个出奇聪明的脑袋。凭着多年的经验，它闻出了这个园子里的葡萄很特别，是自己从未吃过的极品。

这只老狐狸曾吃过无数种好葡萄，它甚至曾向自己的同伴吹嘘过："这世上还没有我不曾吃过的葡萄呢！"面对着这一园自己没有品尝过的葡萄，它的食欲和好胜心，都被挑逗了起来。它暗自对自己说："吃不到葡萄就说葡萄酸的狐狸，就像不想当元帅的士兵一样，是最没有出息的。"

于是，它发誓一定要吃到这里的葡萄，否则决不离开。可当它在四周转悠了一圈之后才发现：这个葡萄园的围墙太高，它根本跳不上去。又经过一番用心的搜寻，它终于找到了一个可以进入葡萄园的小洞。可是，这个洞口实在太小，它根本无法顺利通过。思索了片刻，它做出了一个决定：绝食减肥。

经过三天绝食，这只老狐狸真的瘦了下来，它可以从那个小洞进入葡萄园了。如它所料，这个葡萄园里的葡萄是迄今为止它所吃过的最好的一种。于是，它放开肚子，在园子里整整吃了三天。之后，它准备赶紧离开。耽搁久了，恐有危险。

这时，一个新的问题出现了：由于连日来吃了太多葡萄，它又胖了，无法再从那个小洞出去了。无奈，它只好再次绝食，这次比上次花的时间还多了一些。利用这种方法，它的身体终于又变得和刚进来时一样瘦小，于是，它再次从那个小洞里钻了出去。

回家后，它把这次吃葡萄的经历告诉了另外两只同样阅历丰富的老狐狸。并问它们："这事儿做得值不值？"其中一只老狐狸说："你胖了多少就瘦了多少，等于什么都没吃，还要冒着性命之忧，当然不值。"另一只老狐狸则说："虽然你担了不少风险，但你吃到了自己从未吃过的葡萄，当然值得。"

老狐狸之间的对话体现了对人生的一种思索：当一个人的人生立足于占有时，他注定会在占有欲未曾满足的痛苦与占有欲已获满足后的无聊之两极中徘徊；当一个人的人生立足于建设时，他必将会在未达目标时的追求与到达目标时的体味中潇洒。

前一种，无疑是一个两难的悲剧；后一种，则笃定是幸福的人生。

把泥巴"穿"在身上

1992年，当伊尼基飓风经过夏威夷时，23岁的欧文·卡菲尔的房间被肆虐而来的洪水冲得乱七八糟。当洪水退去，欧文开始清理自家房间时，发现自己最喜欢的一件白色T恤，被泥巴染成了红色，原来这些泥巴都是从远处考艾岛上流来的红土。

那件白色T恤是欧文平日里最喜欢的，而且是别人送的，有一定的特殊纪念意义。因此他开始清洗衣服上的红色，但无论欧文用什么法子，用什么洗涤剂，红色就是牢牢地赖在白T恤上不走，根本就洗不掉！

最后，气得欧文干脆直接穿上被染了色的T恤。没想到，效果居然特别好，而且感觉很舒服，穿上都舍不得脱下。

为了搞清其中的原因，欧文好奇地将这件“红土T恤”拿去化验，结果发现T恤里含有大量对人体有益的矿物质和微量元素，它们都来自于衣服上的红土。

这个结果让欧文兴奋不已，他突发奇想——如果将T恤都染上考艾岛上的红土，然后再卖给人们，让人们穿着它，那岂不是既环保，又能健康自己吗?

有了这个大胆的设想后，接下来欧文便开始制作这种“红土T恤”，他先将考艾岛上的红土放进洗衣机里，加入水后搅拌，将其调制成奶昔一般，使其具有合适的黏稠度，然后再将一件件白色的T恤放进洗衣机里进行再次搅拌，期间再加入一些不易让红土褪色的特制米醋。

最后，经过两次漂洗和烘干便大功告成了。然后，进入销售阶段，“够酷，够潮的你，敢把泥巴穿在身上吗？”欧文这样宣传自己的红土T恤。

结果，第一批200多件“红土T恤”推出不到三天的时间，便被喜欢新奇的美国年轻消费者们抢购一空。之后他们还纷纷要求定做，并且要在红土T恤上印上自己的名字，或其他个性语言，欧文都替他们做到了。

如今，每个月欧文都要生产五万件红土T恤，用掉好几吨红土，平均每件的售价为25美元，但其成本却极低，因为健康，没有化学染剂，同时充满着个性——我把“美国土壤”穿在身上，因此红土T恤一直保持着良好的销售状况。

不走寻常路，把“泥巴”穿在身上，这个奇特的创意想法，让欧文赚得盘满钵满。

坚守你的幸福

有一朵玫瑰，一朵非常非常漂亮的玫瑰，傲立于花园中，这是一座漂亮的花园，漂亮的玫瑰傲立于漂亮的花园中，那么， 它就显得亮的扎眼，红的刺人。

花园的主人是一个非常好客的人。

一天，一个贫穷的小伙子，准确地说，是一个充满爱心的贫穷小伙子。他拜访了花园的主人："啊，多么漂亮的花园，多么漂亮的玫瑰！"小伙子刚进花园便赞叹不已。

"谢谢！谢谢夸奖！"花园的主人很谦虚，但是他那微笑的脸庞始终掩饰不了被称赞时的喜悦。

"那么，尊敬的主人，我可以从你的这个花园里带走一次美丽吗？"小伙子礼貌地问。

"当然可以，请便。"

"那，我可以带走那朵漂亮的玫瑰吗？"小伙子一开口就点明要那朵玫瑰。显然，在进门的那一刹，他便看中了那朵玫瑰。

"这，这……"花园的主人很犹豫，因为他知道那朵玫瑰在花园里的价值。

"可以吗？"小伙子再次礼貌地问。

"这，当然可以。只是，我不知道那朵玫瑰是否同意？" 花园的主人说道。

“那，没关系，我可以去问问玫瑰的。”小伙子边说边朝玫瑰走去。

“亲爱的玫瑰，我可以带你离开这儿去组成一个新家吗？放心，我会将你整个儿都挖出来，保证不会弄伤你，弄折你的。”小伙子很礼貌地问玫瑰。

“哼，这可不行，你那么穷，会善待我吗？高贵的玫瑰只属于高贵的人。或者，只能献给高贵的爱情！就你这模样，哼！打死我也不跟你走！”

玫瑰的态度很坚决，小伙子只好悻悻地让步了。

在小伙子即将离开的时候，他向花园的主人要了一棵不太起眼的月季花，并且小心翼翼地把它挖出来，小心翼翼地把它捧在怀里向花园的主人揖揖作别。

玫瑰很高兴，因为它没有被那个穷小子带走。

又过了几天，一个衣着华丽的富家子弟，带着他的漂亮女友，参观了这座花园。这个富家子弟在进花园门口的时候就已经看中了这朵玫瑰。

“亲爱的，漂亮的玫瑰只属于漂亮的你。”富家子弟对他的女友说。

“好啊！”他的女友显得十分高兴。

“啊！漂亮的玫瑰，我可以把漂亮的你献给我漂亮的女友吗？”富家子弟礼貌地问。

“好啊！好啊！高贵的我只属于高贵的爱情。”玫瑰很高兴地答应了。

于是，玫瑰被富家子弟给摘了下来，献给了他的漂亮女友，献给了他的高贵爱情。

玫瑰很高兴，因为它终于如愿以偿了。并且，那个富家子弟的漂亮女友，也就是它的新主人把它插在了一个很漂亮的花瓶里。

可是，几天后的它便憔悴了。因为它的新主人这几天以来就从未给它换过一次水。

玫瑰在花瓶中坚持着。

几天后，房子里又添了好多时尚家具，它的女主人陶醉在新的美丽中，几乎把这朵玫瑰给忘了。

玫瑰开始后悔了，但它仍在花瓶中坚持着。

它的女主人仍没有给它换水。

玫瑰开始想起了那个贫穷的小伙子，想着当初如果被它挖出来带回家栽了起来，如果……

终于有一天，它的女主人发现了它。

“呀！花瓶里什么时候放了一朵玫瑰啊！看它干瘪瘪的，丑死了！”女主人随手把它扔进了垃圾箱。

而那个贫穷的小伙子，在几年后也拥有了一座花园。一座只种月季花的花园。

其实，人生中的爱情也是如此。如果只是一味地去寻求完美的爱情，那么，她获得的，只是完美中的一刹那；而失去的，却是拥有整个爱情生命的机会。

爱是一个找寻与明白的过程。找寻了，从此懂得了珍惜，明白了，从此更加幸福。

爱的最大幸福并不是找寻一个完美的人，而是坚守一个给予完美爱情机会的人，一个能让爱情湖面上的涟漪在美丽中平静的人，一个能甘心情愿为你付出的人。

翅膀折了，依旧可以微笑

假如生命可以选择的话，我想，她一定还会选择来到这个世界的。

在美国加州的圣保罗医院，我看见了她。她当时已经7岁了，可是仍然不会说话。但是，她会做一个最能打动人的动作，就是微笑。

她出生的时候，就没有双手和双脚。取代四肢的，是圆圆的一团肉，甚至，她出生后医生就下了断言：这个小生命坚持不了一周。因为她的身体太虚弱了，智商也不正常。她的父母很是伤心，把她留在医院的特殊护理室，一直到她14个月。

但是与其他生命相比，有些表情她就比别人要早些学会——比如微笑。她生下来一周的时候，就会笑了，即使是见到陌生人。那甜甜的微笑，让看见她的每一个人更加惋惜——带着如此甜美微笑的生命，为什么会有这般的遭遇?

美国有线电视新闻网曾经刊播过一段她10秒钟的微笑，引起了许多观众的好感。她那天真烂漫的微笑，被人誉为“天使之声”。来看她的人也逐渐多了起来，即使是一张陌生冷酷的面孔，也抵挡不住她笑容后的那份真诚与感动。

因为工作的原因，女孩的爸爸妈妈每周都会过来看她三次。所以更多的时候，她是和许多过来探望她的陌生人度过的。

一个凉爽的午后，一个络腮胡须的男人走入了圣保罗医院，他提了一个大箱子，戴了个帽子，显得十分严肃。在小女孩的病房内，他放下箱子，在小女孩的枕头边放了一个音乐盒，便匆匆离开了。那个大箱子里面装了什么，也成为医院最关心的问题，有人猜箱子里装的是钱，也有好事者说，这会不会是没有人性的恐怖分子？“9·11”的阴影使得大家在生活中变得更加谨慎起来。

随后，警方打开了箱子。令人遗憾的是，里面竟然是磁带，一盘盘贝多芬的磁带，从《命运交响曲》到《月光曲》，十分齐全。当然，大家也不是完全猜错了，箱子里还有一张支票——一张花旗银行的1000万美元的支票。这张支票，也成为加州当时最大的一笔慈善款。

由于当事人不愿意透露自己的身份，所以并没有人去仔细追查。院方利用这笔钱，成立了一个快乐女孩微笑基金会，同时，还购置了一套音响设备。我去看这个小女孩的时候，整个医院里，正在播放轻柔的《月光曲》。

我想，小女孩之所以能够生活到今天，首先是自己感动了自己，才让更多的人去关注她。而她的微笑，也成了最温暖的语言，尽管她不能开口说一句话。但她微笑所发出的每一个细小的声音，足以扣人心弦，成为天籁之声。

美国最负盛名的媒体《华盛顿邮报》曾经在一次摄影比赛中，评出了最能打动人的五幅照片，这些照片全部是读者在众多照片中投票评选的，其中有三幅带有微笑。当然，小女孩的图片也囊括其中。报纸的压轴处，是报社的评论——这个时间，还有什么能比微笑更值得去尊敬呢？

我曾经看过一部名为《隐形的翅膀》的电影，并被这个故事深深地打动。电影中的小女孩，在双手截肢后，依旧乐观地面对生活，在爸爸妈妈及全社会的关爱下，她学会了用脚流利地写字，争取到了重新上学的机会，成了一名残疾人运动员并取得了参加残奥会的资格。

记得儿时调皮，和小伙伴们一起上树抓鸟，鸟的翅膀折伤后，小伙伴们把它带回了家里，每天清晨和傍晚，那只鸟儿依旧能够歌唱。直到最后死去……

我一直都深信生活的美好。强者从来都不害怕失意与痛楚，那是因为他们懂得，真正有价值的人生，并不在意是否完美，而是在意能否完美地去生活。即使深陷荒漠与沼泽，我们也应该放声去歌唱。

翅膀折了，你依旧可以选择微笑。

毕加索画“贼”

毕加索在尚未成名时，只能靠帮人画肖像来勉强谋生。一天，巴黎的一位富商让毕加索为自己画一幅头像，并承诺支付4000美元。

但是，等画画好后，富商却突然变卦了：“我改主意了，现在决定只付1000美元。”

富商想：画反正已经画好了，而且画里的人是自己，如果自己不买的话，别的人也不会去买它，那就等于是白画了。因此他觉得自己吃准了毕加索，对方一定会同意低价售画的。

面对富商的故意压价，毕加索非常生气，并且向对方讲了一些关于做人要守信的道理。但富商却蛮横地回应他说：“别啰唆了，你是想赚1000美元，还是一分钱也赚不到，自己考虑清楚吧，你这个固执的、不入流的家伙。”

毕加索听完富商的这番话后非常愤怒，他大声地说道：“我宁愿一分钱不赚，也不会把它低价卖给你。不过，我想提醒你的是，如果你今天违背承诺，不愿花4000美元，那么将来有一天，你将要用100倍的金额来为此付出代价。”

“100倍——40万？哈哈，做你的白日梦去吧！”说完，富商便得意地走开了。

毕加索觉得自己被富商狠狠地耍了一回，他发誓一定要让对方后悔。此后，毕加索开始四处拜师学艺，刻苦钻研绘画技巧。

十几年后，毕加索终于一举成名，其作品的售价也开始疯狂上涨，而那位富商早已把他当年打压毕加索的事情忘得一干二净，更记不得毕加索的名字了。直到一天，他的一位朋友来告诉他一个消息："我在大画家毕加索的画展上看到一幅标价为40万美元的画，画上的人长得几乎跟你一模一样，但画的名字却不怎么好听，你还是亲自去看一看吧。"

于是，富商赶紧来到画展的现场，结果发现那幅画上的人果然是自己——正是毕加索当年不愿低价售卖的那幅。但让他难堪无比的是，画的名字竟然叫《贼》。

因为每天都有无数的人来参观毕加索的画展，而且其中不乏一些是跟自己在生意上有来往的商人，这幅画的负面影响实在是太大了。

无奈之下，富商赶紧找到了毕加索本人，当面道歉后，立即用40万美元买走了那幅画。

当把羞辱和打压变成一种前行的动力后，便会很快迎来柳暗花明。

带着穷人们去旅游

马克·瑞库贝是美国加利福尼亚一所贫民小学里的一名刚走上讲台的年轻教师。经过几个月的教学实践后，马克发现班上的许多孩子在学习上都存在着这样或那样的问题，他们大多接受能力差，作业无法按时完成。而且学习兴趣也不是很浓，性格自卑胆小。

这一现象让马克感到有些迷茫，自己教得认真、科学，为什么学生们的学习成绩却不行呢？而学习知识又是改变这些孩子们命运的一个重要途径，自己千万不可对此漠不关心。

马克决定家访，希望能找到问题的症结，他也是该所学校第一位自发自愿地走进学生家庭的老师。在家访中，马克果然发现了一个让他忧虑、担心不已的现象——班上一大半以上同学的家长，特别是父亲，都酗酒成性，每天都要喝上不少低廉的烈性酒，直到把自己弄得醉醺醺为止。

而这也正是学生们学习成绩不好的一个重要原因——醉酒后的家长不但根本不愿过问孩子们的学习，反而还会对他们乱发脾气，甚至是动手。

马克陷入了深深地忧虑中，经过慎重考虑，他决心帮助这些穷人家长戒酒，不仅是他班上的穷人家长，而且是全校的。马克想从源头上为学生们创造一个良好的家庭学习环境。

不久后，马克便组建起了一个戒酒协会，他利用周末的空闲时间，通过说理、讲座、戒酒方法培训等活动方式试图劝服穷人家长们不要再嗜酒如命。

但是，效果却并不好，很多参加者在活动现场拍着胸脯发誓，为了孩子，从今以后一定戒酒。可一回到家里，便把誓言忘得一干二净，继续一杯一杯地喝了起来。

并不如意的戒酒效果让马克一时犯了难。一天，一个朋友在得知马克为帮人戒酒的事情发愁后，便告诉他说，其实，很多穷人家长之所以酗酒是因为他们大多生活在最底层，心情苦闷，看不到未来，活在自我的狭小内心世界里，不愿意面对更为广阔的外部世界，改变自我，希望通过酒精来麻醉自己。如果能帮助他们多出去走走，多跟外面美好的世界接触接触，或许能让他们走出酗酒的牢圈。

马克觉得朋友的话十分有道理，他决定带领穷人家长们乘火车出去旅游一番，旅游的费用则全由马克一个人掏。

但是这种外出旅游活动开展几次下来，马克便变得口袋空空了，他再也没钱带着穷人家长们外出散心了。

而此时，十几位穷人家长却因为参与了马克组织的旅游而改变了对生活的态度，回来后便很快戒酒成功。

成功榜样的示范作用是极具吸引力的，穷人家长们要求马克将此项活动继续进行下去，他们愿意自费旅游。

无奈之下，接下来马克只好帮助他们去挑选最好的旅行线路，并且替他们尽可能地跟旅行社砍价，因为马克深知每一分钱对穷人家长们的意义。

在旅途中，马克对穷人家长们的照顾非常细致到位，热情友好。他认为，出门远游的人，都跟小孩子差不多，需要方方面面的照顾和关怀。

处处为自己省钱，时时替自己着想，穷人家长们被马克深深打动了，很多人回来后都成功戒掉了酒，对生活重新燃起了希望和热情，他们的孩子也因此受益，学习成绩普遍大幅度提高。

看到这样的结局，马克感到无比的欣慰。几年后，他从教师的岗位上退了下来，成立了一家属于自己的旅行社——“穷乐活”，专门帮助全美的穷人们实现出去走走的愿望。对于那些有孩子在读书的穷人们则尽可能少收或不收费。低廉的价格，真诚的服务，一直是马克坚持的理念和标准。

让马克没想到的是，“穷乐活”自开业后生意就一直异常火暴，而且现在越来越多的有钱人也乐意选择他的旅行社出行，今天，马克的“穷乐活”旅行社已经发展成为加利福尼亚旅游市场上最具盛名和口碑的旅行社之一，他也因此赚得盆满钵满。

有爱便有财富，因爱而获得的财富干净而令人尊重。

捧起双手，就是天使

在南非的贫瘠国几内亚比绍，20世纪90年代的时候曾发生过这样一件举国震惊的贪污案：几内亚比绍国的首都城市比绍市国家税务局女局长罗妮·乌里克布达桑，运用自己手中的职权，在短短的一个礼拜时间内，竟贪污了多达8万美元的公款，在这样贫瘠的国家，8万美元是一个多么庞大的数字啊！在案发后不久，罗妮·乌里克布达桑便销声匿迹了。

负责这件案子的是比绍市警察局的年轻警察达达尼昆警员，从达达尼昆接手这宗案子的那一刻起，他就深深地感觉到，这事儿并没有他想象中的那么简单。不然，偌大的比绍市警察局，何至于让他这个警校毕业才3个月的毛头小伙子接下这宗贪污案呢？

在分析案情的时候，信仰基督上帝的达达尼昆感到很奇怪：罗妮·乌里克布达桑是一个有着幸福家庭的女人，她有着十分爱她的丈夫，有着她爱的年龄才仅6岁的儿子，难道她在贪污之时就一点都不曾顾及她丈夫与儿子的幸福吗？从案卷里一家三口公园里的合影照片，达达尼昆就可以深深感觉得到，罗妮·乌里克布达桑一家三口之间那份幸福与温馨。而从小在孤儿院长大的他，是永远都难以感受得到的。

趁着明媚的阳光，第二天，达达尼昆拜访了罗妮·乌里克布达桑的几个邻居，无一例外，她们都对罗妮·乌里克布达桑有着深切的好感，在她们看来，罗妮·乌里克布达桑是一个充满爱心和上帝般仁慈的好人。要知道，在很多时间里，邻居们都会看到罗妮·乌里克布达桑积极地去孤儿院做义工，经常周济身边的穷人……而对于罗妮·乌里克布达桑贪污一事，邻居们更是惊讶得厉害，她们张大了嘴诧异了半天，然后很坚定地摇了摇头，告诉达达尼昆道："这一定是上帝犯了混，才冤枉了这个拥有着天使般爱心的女人罗妮·乌里克布达桑。"并集体恳请达达尼昆：希望警察局一定要查清这件事，要让这个世界的好人多一份安宁与清净。

从罗妮·乌里克布达桑邻居家出来的那一刻起，达达尼昆的心忽然间变得沉重起来，现在的他，又开始觉得案子变得复杂起来。甚至为了进一步了解案情，他决定径直去趟罗妮·乌里克布达桑的家，去一探究竟。

在轻轻敲了罗妮·乌里克布达桑家的门后，屋里有个小男孩探出了头，看着穿着警服的达达尼昆，男孩愣了一下，然后打开了门。

达达尼昆走进了房子后，给他的第一感觉，便是这房子实在是陈旧昏暗得厉害，丝毫不能让人把房子的主人同比绍市国家税务局的局长联系起来。达达尼昆仔细地打量了那个男孩，他看上去只有六七岁，而且瘦得厉害，瘦得几乎让人毫不迟疑就可以肯定：这是一个正在生病的男孩，而且病得不轻。

男孩怯懦地为达达尼昆倒了杯水后，就一直用他的那双眼睛很小心地盯着达达尼昆，以及达达尼昆身上的那套崭新的警服。

"你叫什么呀？"达达尼昆很温和地问了男孩一句。

"我叫阿比，我妈妈一直都是这么喊我的，先生。"男孩回答时的声音很轻很轻，轻得再小一点就几乎听不到了。"如果你愿意的话，你也可以这么喊我。"

"很好，阿比，你很勇敢。"达达尼昆赞扬道。然后，他又补充性地问了一句："告诉我，阿比，你怎么会如此的憔悴呢？你的身体看上去很糟糕。"

"哦。"阿比看了看达达尼昆警帽上闪耀着的警徽，用信任的声音回答道："我病了，是骨髓癌早期，医生说我病得不轻哩！得做骨髓移植手术。不过我也不知道骨髓癌早期是个什么病，骨髓移植手术又是个什么手术，不过，听妈妈说，这手术得要花好多的钱哩！”

瞬间，达达尼昆明白了什么。然后，他又关心地问阿比道：“那么，可爱的阿比。你的爸爸呢？”

“我的爸爸？他去安哥拉了，这是妈妈说的。不过我不知道这是不是真的。甚至我总感觉，是爸爸不要我了。因为从查出我生病的那天起，我就再也没有看见过他了。”

说着说着，忽然间，阿比紧紧地攥住达达尼昆的手说：“亲爱的警察叔叔，您看见我的妈妈了吗？她已经快有两个礼拜没有回家了。如果您看到了她，麻烦您帮我转告她：‘我很想她，我很爱她，我希望她能够早点回家。’”

听到阿比的这番话，达达尼昆的心一震。然后，他坚强地握紧阿比的手，使劲地点了点头。在达达尼昆即将离去的那一刻，阿比忽然跑了出来，手里拿着一张信用卡，告诉达达尼昆道：

“哦，对了！亲爱的警察叔叔，我妈妈在两周前告诉我，她在信用卡里为我存够了治病的钱，然后，她就出差了。如果您看到了我妈妈，麻烦您再多转告她一句：‘尽管我治病很需要钱，但是比起信用卡和健康的身体，我更爱她！’”

听完阿比的这番话，达达尼昆的身子一歪，然后用闪耀着的眼睛看着阿比，说道：“一定会的！”然后紧紧地搂住了他。

回到警察局后，达达尼昆如实地向上司做了份有关这份案子的详细报告。只是在报告里，对于8万美元的出处和信用卡的事，他只是轻轻带过。因为他知道，小阿比会在很长一段时间里失去母亲和母爱的，但是，他绝对不能失去一个健康的身体，绝不能！很出乎意外，一向以破案谨慎而著称的上司，对于那8万美元的事，竟然没有表现出太大的兴趣，没有对它进行追究。

几天后，在比绍市的报纸和电视台上，警察局发布了一份关于罗妮·乌里克布达桑的通缉令，在通缉令的最后，警局的人补充了一句话：尊敬的罗妮·乌里克布达桑女士，您的儿子很快就会得到医治。这一点，我们能用警察局的声誉向您保证。

不久，罗妮·乌里克布达桑到警局自首了。

一个月后，比绍市法院经过讨论审理，对罗妮·乌里克布达桑做出了判处10年监禁的处罚。而对于8万美元的出处一事，仍只字未提。这在整个比绍市的司法界上，这样审理和终结贪污案，简直是一个奇迹。

面对法院的判决，罗妮·乌里克布达桑感激地说道："谢谢这个世界的好心人，对于这样的结果，我十分高兴。谢谢大家捧起了双手，将阿比变成了一个天使。"

而此时的阿比，正躺在医院的病床上，逐渐地恢复着手术后的身体。窗外明媚的阳光，正透过干净明亮的玻璃，照在阿比的脸上，仿佛间，阿比已经变成了一个天使，一个被温暖的母爱之手，以及其他人的那一双双充满亲切和爱意的双手抚摸后的天使。

牧师的监狱

约翰是一个狱警，警校毕业后来监狱上班才一年，说实在的，他很不喜欢这份工作。每天除了在监狱里单调的巡视检查外，就没有其他可以活动的空间了。

不久后的一天，监狱转来了一个新犯人，准确地说，是名曾经因为冲动而错杀两人的犯人，叫克里·博尔。逃亡的四年，他一直都隐藏在乡村教堂里充当村民们的临时牧师，最终，他还是选择了自首。

博尔的身体很不好，全身都有毛病，而且已经有六十多岁了。同狱的犯人没事的时候喜欢拿他寻开心，在他们看来，一个六十多岁的老人，居然在犯事后逃亡，然后又自首，简直是头蠢驴。

博尔最能引起约翰注意的，是他每晚睡觉前的半小时，都要在床上诵读《圣经》，声音恰到好处，不大不小，既不影响想睡觉的人去睡觉，又使那些不想睡觉的人可以听见。单凭这一点，约翰注意起了博尔。

那天趁着博尔领药，约翰在百般无聊中和他攀谈起来。博尔不像别的犯人那样，对狱警，尤其是对和狱警的谈话有着恐惧感，相反，他的脸色很和蔼可亲，并且十分的自然。完全与连杀两人时的凶猛扯不上关系。约翰很想知道博尔的故事，所以很小心地问着有关的问题。在约翰看来，比起犯人，他更愿意把博尔当老人看。

博尔一直都是微笑着看着约翰，告诉他："不要问我发案时的情况，如果愿意，我倒可以把我逃亡后的故事讲给你听。"于是约翰不再发言了，而是安静地坐了下来，听博尔讲故事。

博尔说，杀人后，他很后悔，也很害怕，甚至连血衣都没有换就跑了出来。那时正是深夜，他在逃往乡村的路上拦下了一辆小汽车。车上坐的是一名牧师，他看见博尔后并没有吃惊，而是安静地让博尔上车。那一刻，博尔很是惊讶。车上的牧师告诉博尔，他刚才去给一个七十多岁的老人做临终祈祷了，所以回来的如此晚。之后，那牧师边开车边告诉博尔，那名老人和他一样，也是犯过事的，他临终的时候一直在忏悔，一直都不能原谅自己，因为他的心灵没有真正地进过"监狱"。

接下来，牧师把博尔带进了自己的教堂，那教堂在一个偏僻乡村的角落里。他没有报告警察，也没有让博尔去警察局自首，他所做的，是带着博尔每天祈祷诵读，每周弥撒可怜人，救助穷苦人。就这样，博尔度过了四年，可他的心灵一直是在平静中尴尬着、痛苦着。

四年后，老牧师病终了。临终前，全村人全都过来看老牧师。老牧师在临终前的那一刻，问了博尔一句：“你的心灵进‘监狱’了吗？如果进了，就到该去的地方，去做个真正的牧师，救助那些可怜人吧。”

说到这，约翰怔住了。不觉间，攥紧了拳头，心跳也随之加快起来。那一刻，他觉得博尔是个可爱的小老头，并且让他在心灵深处小心地感动着。

在以后的一段时间里，监狱里逐渐地安静起来。某次统计犯人姓名的时候，约翰不经意间发现——进监狱的人似乎都提前释放了。再一次，约翰想起了那个可爱的小老头博尔。忽然间，约翰有了看望那老人的冲动。

牢房里灯火明亮，尽管是深夜，约翰仍看见一大群新犯人围在一起，中间是那个可爱的小老头博尔，他正津津有味地给这些新犯人讲着什么呢。那一刻，约翰忽然爱上了他的这份工作。

第三辑 心灵财富的励志版本

人生的较量，说到底是智慧和思维的较量，善于思考，拥有大智慧的人，往往更易成功。

脑袋决定口袋，让我们打开思路，开启自己非凡的人生吧！

原始的美丽

在荷兰，有个美丽的城市叫做阿姆斯特丹，那里有着蔚蓝的天空，轻盈的海风，缓缓的波浪，而且，这里还有一个美丽的故事。在当地，它和这些风景一样迷人。

20世纪中期，是一个全球经济大发展的时期，许多企业如雨后春笋般出现，当时的阿姆斯特丹，正因为极其便利的海上交通而被人们看好。这个时候，阿姆斯特丹市正在竞选市长。一个22岁的小伙子也站在了竞选人群中，和4名候选人站在了政治角逐的舞台上。当然，这名小伙子同样没有被人看好，不仅仅因为他的年轻，更因为他出生在一个农民的家庭，没有政治经验和阅历，所以，他的存在对其他的竞选人构成不了威胁。然后，奇迹就这样发生了。

在竞选演讲的时候，这名小伙子没有阐述他的任何政治路线，说实在的，他也不懂政治，于是，第一个演讲的他最具戏剧性了。他说：

“我的曾祖父是农民，我的爷爷是农民，我的爸爸也是农民，我同样可能成为农民。当然，这一切都由你们手中的选票说了算。但是无论我是否是农民，我都会将这个故事讲给大家听。这也是从我祖父手中传下来的家族秘密。

“我的曾祖父在他临终的那年，留给了我爷爷一封遗书。遗书中讲述了一个故事——曾祖父年轻的时候，种了很多的果树，也养了很多的蜜蜂。大家都知道，蜂蜜的价格是很昂贵的，所以，我的曾祖父就靠出售蜂蜜赚钱，当然，也小发了一笔。有一年冬天，没有了花开，蜂蜜又被我曾祖父提取的差不多了，许多蜜蜂于是在寒冷的冬天饿死了。我的曾祖父很伤心。在第二年的开春之前，饥饿和死亡仍在蜂群中持续着。我的曾祖父没办法，于是只能用白糖掺水放在蜂箱里了。以养活这些饥饿的蜜蜂。就这样，熬到了开春，熬到了春暖花开。

“时间一晃就过去了，再到天凉的时候，我的曾祖父在蜂箱中提取蜂蜜的时候，他发现：蜂蜜没有了以前的醇香味，有掺杂了白糖的味道。这点令我曾祖父十分失望，想着那些冬天因饥饿而死去的蜜蜂。我的曾祖父发誓：再也不养蜜蜂了，再也不喝蜂蜜了，再也不伤害这些小精灵了。他把这个当作家族故事传了下来。

“我要说的是：我也不会养蜜蜂的。蜜蜂本身就是美丽的小精灵，我们没有必要为了一时的利益而去损伤这些小精灵的美丽。让这些精灵受伤甚至是死去，到时候即使我们努力挽救，可能也会让这美丽变了味，失去原来独有的清香和美丽。我们的城市也是，我们需要的是一个原始美丽的阿姆斯特丹，而不是变质的。因为，这些美丽变了质，就永远不可能回到原始的美丽了。所以，我代表阿姆斯特丹说：我们拒绝工业发展，我们需要原始美丽。”

说到这，听众一片掌声。而站在演讲台下的另外几名竞选人，正用力攥着拳头，拳头里面，是一张写着如何通过发展工业来带动阿姆斯特丹经济的演讲词。

当然，最后这名22岁的小伙子成了阿姆斯特丹乃至全荷兰最年轻的市长。他的名字叫约伯·科恩。只是可惜的是，他33岁的时候就去世了。今天去荷兰的游客，依旧可以在阿姆斯特丹的港口处看到他的身影，那是阿姆斯特丹市民自发性地为他塑起的一尊雕像，雕像的下面有一行字——我们拒绝工业发展，我们需要原始美丽。

博尔的独立日

那是一个阳光明媚的周末。

上午8时，布朗先生在自己家的后院里收拾着画夹，准备开始他新一天的创作了。而他的妻子布朗太太，则把家里的一大堆脏衣服搬上了车，然后把她的爱子博尔·布朗抱到小汽车后排的座位上，她打算先把脏衣服送到干洗店，然后带博尔去州残疾人救助中心，最后，在时间允许的情况下，她还想去超市买点东西。

布朗太太把车子发动后，行驶不到十分钟，一件可怕的事发生了—— 一个拎着大皮箱的陌生男子，在街道拐角处拦住了她的车子，待她摇下了车窗玻璃，想知道原因的时候，一把冰冷的手枪抵住了她的脖子，这一刻，布朗太太明白了，她和爱子博尔，正被这名凶恶的青年男子劫持着。

那名青年男子坐上了副驾驶的位置，然后冰冷地说道："直接将车开进州政府门前的市民广场。"

布朗太太一惊，有好多市民正在那个广场庆祝美国独立日，在那里举行着盛大的集会。

男青年接着开口道："对不住了，太太，如果政府不答应我的要求，那么，这一皮箱的炸药和广场上的一大批市民，连同你这辆车，都会一起爆炸，一起在这个地球上消失。"

布朗太太的心一阵颤抖，她感觉到了这个陌生男人的可怕和狠毒。而她的爱子博尔，则脸色一片煞白，浑身都在冒汗，甚至，布朗太太都看见了博尔贴在窗户玻璃上的手指，也跟着一起颤抖起来。布朗太太不得不顺从这个男青年的意图，如果她不答应，悲剧或者来得更快。

快到市民广场的时候，突然，另外一名高个儿男青年蹿了出来，直奔她的车前，并微笑着敲了敲她的车玻璃，看见了这个情况，那名男人压低了帽檐，低着头，而那名高个儿男青年，则嘴里哇哇哇哇地说着什么，手也一直在空中挥舞着什么，可是什么也说不清，看到这情况，车上的绑匪顿时明白了许多——这是一名哑巴青年，他应该在乞讨什么。绑匪示意布朗太太不要理他，继续向前行驶，可是没有走多远，那名高个儿哑巴青年又黏了上来，这次，他喊来了两个哑巴同行，一同围着布朗太太的车子，乞讨着。

正当车内绑匪生气的时候，突然间，一双坚强有力的手紧紧地勒住了绑匪的脖子，另外一个青年则迅速地打开了车子，把绑匪的双手铐了起来。这一切，不过十几秒的事。

就当车内那名绑匪十分惊讶的时候，那名抓他的高个子哑巴青年竟然用哑语手势说道："嗨，我亲爱的博尔，这段时间，你的哑语又有进步了，手势语又丰富了许多。"

这个时候，靠在后排座位上的博尔笑了笑，用哑语手势说道："当然，我得好好学会啊，这样我才能在阳光明媚的独立日，和州残疾人救助中心的不能正常言语的朋友，通过手势语交流啊！哦，对了，叔叔，刚才我在车窗玻璃上打的手势语'我被劫持了'，表示正确吗？"

"当然。如果你再这么努力，你也会和我一样，既能当名警察，也能在州残疾人救助中心做一名手势语教师的。"高个子青年也乐了。

此刻，他们的笑声，随着广场上热闹的人群呼喊声而淹没了。

这是一个真实的故事，它发生在20世纪60年代美国的华盛顿州。

托比的微笑

托比是一个黑人小男孩，他有一个十分疼爱他的爸爸。尽管爸爸只是一名出租车司机，尽管爸爸坐过牢，可这丝毫不影响他对爸爸的爱。

托比今年9岁了，他还不能站立起来。爸爸告诉他：因为小时候的一次意外事故，他的双脚暂时失去了站立的能力，医生说，只要托比肯坚持锻炼，配合治疗，在他10岁前，一定还会站起来的。

一段时间里，托比惊奇地发现爸爸回家不再像往日那么准时了，除了身体的疲惫之外，脸上也写满了困意和忧伤，托比很想知道为什么，可是爸爸就是不告诉他。

这样大概过了一个月，有天晚上，爸爸突然抱着托比一阵流泪，然后告诉托比，明天他要去干一件大事，这件事关系到托比的身体健康，倘若爸爸做错了，一定不要责怪他，并且还要经常地想他。

听到这话，托比的心一惊。不久，他就看见爸爸进了房间，似乎在摆弄着什么。过了好久，爸爸才出去洗澡，趁着这个机会，托比溜进了爸爸的房间，他惊讶地发现，爸爸的抽屉里，竟然放着一把上满了子弹的勃朗宁手枪，与自己喜欢的玩具勃朗宁一模一样，爸爸今晚对他这么说，难道……托比不敢想象。

这一夜，爸爸失眠了，托比也失眠了。

第二天8点多，爸爸就出了门，出门前，他含着眼泪使劲地亲了托比好久。爸爸走后的一刻钟，家里的门铃忽然响了起来，透过门缝，他看见了一个陌生人。他打开了门，那人进来后就直接地问起了托比：

“嗨！你好，你是托比先生吗？”

“是的。你有什么事？先生，你找谁呀？”

“我来看看你呀。”这人一边微笑着回答，一边在屋子里张望着，之后就蹲了下来，看着托比说：“托比先生，你想站起来吗？”

“当然，我早就想了。”托比回答道。

“那你告诉我，你站起来后的第一件事想干什么？”来人继续问道。

“嘿嘿，还没有想过。”托比抓了抓自己的脑袋。

“我告诉你吧。你好了以后，得和你爸爸去基督教堂做一个月的义工。”来人忽然大笑起来，“好啦，就这么定了。”

托比有些意外，眨着眼睛看着他。

“哦，对啦，我是基督教爱心者协会的。你爸爸早在一个月前就去了我们那里，想让你的手术经费有所着落。”那人顿了一下，继续说道：“你得知道，这是一笔不小的数字，我们讨论了一个多月。今天我是特意过来看你的。我希望我们救助的，是一个家庭贫穷并且阳光向上的小男孩。”

“爸爸？一个月前就去了，我不知道呀。”托比再次一惊。

“是啊，你爸爸可真是一个勇敢的人。你出生11个月的时候，发生了意外，当时你爸爸要把你送到医院，结果因为一个白人出租车司机种族歧视，拒载了你们。因此你去医院迟到了，才落下今天的毛病。”那人微笑着摸了摸托比的头，继续道：“为此，你爸爸十分生气。你出院后他就做了三件事，第一是把那个白人出租车司机狠狠地打了一顿，第二是跑到警察局自首，并且判了半年监禁，第三是出来后自己开起了出租车。他可真是一个有意思的人。”

说到这，那人吻了吻托比的额头，并且让他转告一下他的爸爸，然后微笑着离开了托比的家。

听到这，托比不住地笑着。他知道，爸爸马上就会知道这个好消息啦。

果然，十五分钟后，托比的爸爸回家了，手里拿的，是那把勃朗宁手枪，一进门，爸爸就对托比道："该死的小托比，你又把你的玩具枪放到我的抽屉里了。"

"是的，爸爸。"托比笑了起来，"因为我了解到上午基督教爱心者协会的人要到家里来，并且给我带来好消息。"

听到这，爸爸的心一惊。忽然间，爸爸大笑起来，然后抱起托比跳起了舞，那把玩具的勃朗宁手枪在爸爸的口袋里欢快地跳跃着。

一本没有字的书

迈克尔·西姆威是英国的一名作家，自从他的妻儿因车祸去世后，他便对人生失去了信心，不愿再写一个字。

百里之外，西姆威的老家，同样有一个遭受巨大打击的人——78岁的南莉娜老人。她的孙子因偷窃被判入狱，两个小曾孙也被送进了福利院。他们是老人在这个世上仅有的三个亲人。

一天，从南莉娜的房里传来一阵打字机的声音。邻居们赶去一看，发现老人正坐在一台破旧的打字机前打字。"我在写书呢！"南莉娜兴奋地说。

人们根本不相信耳聋眼花的南莉娜能写出书来。三个月后，老人挡住了一辆开往市中心的车，用一种不容否定的语气说道："带我一程，我要去找西姆威。"

西姆威的家一片狼藉，但老人看不清。“我写了一本书，你帮我改改，看有没有出版商愿意出版，我需要钱！”南莉娜直截了当地对西姆威说。

西姆威接过书稿，认真翻阅了一遍，说：“写得很精彩，肯定有出版商愿意出版，我会替您联系的。”之后，他亲自开车把老人送回了家。

一周后，西姆威高兴地跑去对南莉娜说：“伦敦一个出版商对您的书稿很感兴趣，他们已经决定出版，并且预付了200英镑定金，以后每个月都会给您支付100英镑，直至书面市并销售完后，再将剩余的版税结清。”

老人激动得几乎要跳起来。她委托西姆威将自己的两个曾孙从福利院接了回来，“我可以赚钱养活他们了。”

此后每个月，南莉娜都会接到西姆威转交的100英镑。可一年多过去了，书还是没出来，西姆威解释：“出版商决定将您的书重点打造，在设计、排版上更精细化，所以要延迟面市。”

等待的过程中，南莉娜的身体却突然不行了，先是双眼失明，接着躺在床上起不来，但她一直憋着一口气，要看到自己的书才愿离去。

好在，西姆威终于送来了那本刚出版的书。南莉娜艰难地用手抚摸着，那是一本非常厚重的书，封面上的书名和南莉娜的姓名都是凸字烫金的。“我到底不是一个没用的老东西！”说完这句话，老人就含笑离去了，怀中却一直抱着那本书，直到稍大一点的曾孙将其拿下。

“西姆威叔叔，为什么这本书里全是白纸呀？”曾孙吃惊地大叫。

西姆威蹲了下来，摸摸孩子的头，说道：“请原谅叔叔，根本就没有什么书。你曾祖母眼睛不好，书稿中很多文字都相互重叠覆盖了。”

“可那位伦敦的书商呢，他为什么每月都给曾祖母钱？”

“他被你曾祖母的精神感动了，所以才不断送钱来。他还答应会继续资助你和弟弟，直到你的父亲出狱。”

离开南莉娜家后，西姆威决定重新拿起笔，他要向老人学习。当然，他也必须这样做，因为他还得跟以前一样，每个月至少有100英镑的收入，继续给老人的两个曾孙“转交”钱。

一个“白富美”女生的时尚创业

25岁的露卡西是一个爱美的美国“富二代”女孩，长相出众，追求穿着美的她，是一个不折不扣的“服装达人”，几乎每周她都要逛各类服装店，试穿和购买自己所喜欢的衣服。

但多次的购衣经验告诉她，真正完全合她的身材和体型的衣服很少。经过了解，露卡西得知，原来大多服装设计师和生产制造商，都不会去为某个普通女性顾客专门设计和制造某一款完全符合其身型的衣服，服装设计师们只会根据他们所喜欢的模特或“衣模”的身型来设计衣服，然后再将设计出来的这些衣服分不同的尺码和大小交与服装制造商生产制造，最后便推向销售市场。

这种情况导致的结果便是，如果消费者想买到一件称心如意，达到“量身定做”式效果的衣服，就必须要反复试穿众多衣服，从而会浪费很多宝贵的时间，而且等过一段时间后还会突然发现其实那些衣服并不适合自己。

露卡西对此深有感触，“如果自己能设计出符合任何一名普通女性身型的衣服，让她们少花些时间去试穿衣服是否适合自己的体型，那么是不是一定会大有赚头？”

当露卡西向身边的人说出自己的这一想法时，几乎所有人都觉得，这个“白富美”的女生在异想天开，不切实际，因为让人人都满意的衣服，在这个世界上根本就不存在。

但是，露卡西却坚持一定会有的，并最终通过网络实现了这一目标。

2008年3月，由露卡西投资的一个叫“我的私人美丽体型”的网站正式上线了，该网站通过一款独特的软件，爱美的女人们只要输入自己的臂长、腰围、臀宽等主要数据后，网站便会立即显示出她们属于哪种体型。接下来，网站就会自动为该体型提供价格从20美元～1000美元不等的各种风格的衣服，包括现代流行型、浪漫魅力型、潮流艺术型以及怀旧复古型等，并且提醒她们在不同的场合该穿哪款合适的服装。

“我的私人美丽体型”上线短短一天的测试内，便有近1000人被吸引上来，并有近三分之二人注册成为网站的第一批用户。

接下来，露卡西通过各种方式，说服了许多服装设计师将他们设计好的衣服放在“我的私人美丽体型”上出售，这是一种全新的销售方式，让服装设计师们激动不已，而露卡西则提取服装销售额的2%作为佣金。

如今，“我的私人美丽体型”已经有200万注册用户，有600名注册服装设计师，年交易额有900多万美元，并每年以15%的速度递增，而露卡西每年也能有近20万美元的纯收入，一举摘掉了靠家族而富有的不好名声，实现了自主的财富自由。

一条豹尾

为了《天下无贼》这部电影能够“顺产”，导演冯小刚在电影局的辅导下费时5年、数易其稿，却一直没有能通过终审。最后，王朔出马才最终救了驾。

《天下无贼》讲一对叫王薄、王丽的扒手情侣，素来以偷窃及诈骗为生。女扒手厌倦了这种永不见天日的生活，加上她那时已有了身孕，意欲隐退。两人因此反目。

在火车上两人巧遇带着在拉萨修寺庙的6万元积蓄回乡的憨直民工傻根。

倔强的傻根认为汇费要几百块，能买一头牛，他不愿花这冤枉钱，而且他相信世界上没有专偷穷人的贼。王薄、王丽在火车站看到傻根时，他们愣住了，因为这个傻小子居然认为世界上没有贼！

在火车上，傻根想给一个瘸腿老人让座。饱经沧桑的王丽被他淳朴的性格深深打动，决意保护他，并力阻王薄觑觎傻根的积蓄。

王丽终于说服了王薄，他俩决定一路上保护傻根，圆了他这个天下无贼的梦想。此后的三天三夜，王薄和王丽轮流睡觉，暗中保护傻根。

岂料火车上有一群技术高超、以黎叔为首脑的偷窃团伙，决意染指这6万元。王丽为了不让傻根得悉真相，唯有见招拆招；王薄不甘认输，亦为了王丽而毅然接受挑战。在贪念和纯真之间，双方在狭窄的车厢中展开了一幕幕的暗战。

后来，王薄用自己的生命圆了傻根天下无贼的梦想。

而当初的剧情并不是这样的。最初的剧本经《天下无贼》的编剧王刚和导演冯小刚改了许多遍，报上去还是通不过。后又请刘震云出马，仍然被打回。

由于刘德华饰演的王薄与刘若英饰演的王丽是片中的绝对主角，对此，电影局的理由很简单——让贼做主角，在电影史上没有先例。贼做好事的动机何在呢？解决不了这个问题，这出戏就有夭折的危险。

冯小刚没有办法，只好另请王朔出马。王朔把剧本看了一遍，就立马下断语：“怀孕！让女贼怀孕，然后进庙烧香。”

于是，众人恍然大悟：扒手情侣从江湖中吃“羊”的狼变成牧羊犬，只是因为他们有了孩子；王薄、王丽最终守卫的已经不单单是傻根的钱甚至傻根“天下无贼”的信念，而是他们的孩子将要降临的这个“无贼”的世界。

因为：人心向善，做贼的人这辈子可能没戏了，可总还是希望自己下一代有出息吧？加进这个新元素后，宗教情怀也同时有了。

王朔的“禅指”轻轻一点，一条成功的“豹尾”，就这样被拽了出来，终审也得以顺利通过。

一碗饭的奔跑

小时候，常和父亲一起去山里砍柴，父亲总是走得很快，我拿着比我高出一大截的扁担只能跟在他的后面跑。回来的时候，我要挑上柴和树枝，父亲仍然走得很快，我实在跟不上，只好停下来歇一会儿，这一歇无论如何就再也跟不上父亲了，害得他每次都要回头来接我。母亲那时常说的一句话就是，吃了多少粮食了，连一小捆柴都挑不动。人走你跑都跟不上，都像你恐怕家里连一碗饭都吃不上了。原来，奔跑和吃饭也是有联系的，当时我是那么想的。

后来，下田割稻、插秧，动作也得很快，否则就会“落趟”。无论是割稻还是插秧，你得和其他人一起工作。拿插秧来说，每人有自己的秧趟子，一个紧跟着一个，插第一趟的人如果速度跟不上，后面的人就无法超过去，就会迫使后面的人放慢速度。同样，如果你的速度跟不上别人，当别人插完了，你还没完，那也叫“落趟”。在农村落趟是件很不光彩的事情，证明你的手脚比较笨，不灵活，自然这样的人是不受大家赞赏的。因此我每每都是拼了命似的插，结果往往导致插出的秧东倒西歪，大家伙还是笑话我："你耍笔杆子还行，要种田，抢饭都抢不过人家哦。"从古老的农田耕作中我感觉到了他们的不简单，那不仅仅是简单的体力劳动，更是体力速度和技能的统一，想吃上饭可不是件简单的事。

上大学的时候偶然的一次机会爱上了写作和投稿。当时文联的一位老师说要想出成果其实并不难，只要不停地写。的确是这样。当时学校里文笔比我好的人不在少数，遗憾的是他们从不把自己的特长当回事。而我则不同，拼命地写，拼命地练习，就是那么简单的方法，毕业时我已经有了一本厚厚的作品集了。没想到就是这本作品集帮了我的大忙，当其他的人被找工作弄得焦头烂额，抱怨这抱怨那时，我却很轻松地就被一家媒体录用了。后来录用我的老总告诉我，我之所以被录用有两个原因，首先是我具备了从事这个行业的基本条件，其次更为重要的是从我厚厚的作品集上能看出我是一个不断向前奔跑的人，能够被这座城市接纳，我知道自己首先有一碗温暖的饭了。

有些时候道理就是这么简单，多行动些，少考虑些，不是最优秀的，但可以做最勤奋的；不是跑得最快的，但可以是跑得最勤的，一直不停。

生活也许就是这样的，从一开始就注定要奔跑，也许只有不断地奔跑，才能更早地发现前方的风景，在这个竞争激烈甚至是残酷的社会里找寻到一杯足以止渴的清水，一碗足以填肚的米饭。

天使永远懂得微笑

比尔出生于美国加利福尼亚州的一个知识分子家庭。他的父亲毕业于英国剑桥大学神学院，而她的母亲，则是加利福尼亚州大学的一名哲学讲师，站在遗传学的角度分析，比尔应该是一个非常有出息的孩子，至少，与违法犯罪扯不上关系，可事实上，他却让他的父母伤透了心。

从14岁开始，比尔就一直不停地闯祸，由于受身边不良朋友的影响，他也从最初的小偷小摸，发展到了吸毒诈骗，最后抢劫入狱。对于堕落的比尔，他的父母伤透了心，但从未死心。这一切，只缘于比尔小时候的一篇作文。

比尔入狱后，他的父亲经常去探视他，对此，比尔毫无反应，更不必说什么改过自新了。直到有一天，他的父亲满怀激动的心情，带了整整一箱子的照片来到了比尔的面前。他希望狱方能够把这些照片贴在比尔的监牢里。因为以前从未遇见过这样的特殊要求，对此，狱方一直不敢接受，相持一个多月后，比尔的父亲将这件事上诉到了加利福尼亚州议会，并与美国最富影响力的媒体《华盛顿邮报》和美国有线电视新闻网取得了联系，这件事情在当时的美国引起了一片哗然，因为比尔父亲的行为，不只是挽救比尔，更是人性的一次测验。

那满满一箱子装的，是比尔从刚出生到11岁时的照片，每一张都带有含苞的微笑。照片的底下，配有一小行的文字说明。

1960年7月20日，可爱的小比尔出生了，这是他来到这个世界的第一次微笑，尽管是睡着的。

1963年2月，调皮的小比尔从沙发上摔了下来，我们花费了14美元，买了一个新芭比娃娃，他撅着捆着绷带的手，痛苦而又甜蜜的微笑。

1963年5月，比尔第一次坐汽车，这是他躺在后排的沙发上，歪着头傻笑。

……

陪同这些照片的，还有一篇作文，那是比尔读一年级时写的，在作文中他写道：

由于突然降温，邻居家的黑人小男孩约翰在放学时鼻子都冻青了，我把我的外套脱给了他，他很开心。

我并不觉得黑人很低等，我觉得约翰也很可爱。

我给约翰带来了温暖，看见他的微笑，我很开心，我感觉自己像个警察，像个天使，像个救世主。

随后，《华盛顿邮报》全文刊发了比尔的作文和照片，并呼吁加州的有关当局能给予比尔父亲一次机会，让比尔自己找到自己人性最善良的一面，迫于媒体和州议会压力，狱方最终同意了这个看似荒唐的“试验”。

这些照片和信被挂在了比尔独处的牢房之内，与比尔相伴了整整一个多月。这一个多月里，比尔显得很安静，没有看报纸，没有看电视，甚至都没有出去活动过，他把自己关在了房子里，每天看着照片，写着日记。

随后，这本日记本，也成了全美国人的目光焦点。日记本里记录的，是比尔这些日子里的想法，日记的最后一页，比尔写下了一句话——天使永远懂得微笑。

三年后，比尔出狱了。并且，他参加了警察考试，要知道，在美国，法律规定有犯罪前科的人，是不能参加警察考试的。比尔的父亲这次亲自写信给当时的美国总统大布什，给美国参议院和众议院，希望能够给比尔机会，在媒体的关注下，在众人的关心下，最终，加利福尼亚州议会神话般的讨论并通过了这项关于比尔参加州警察局警员资格考试的决议。这也是迄今全美国唯一一次允许有犯罪前科人员参与的警察考试。

比尔很争气，当年，他成功地考入了加利福尼亚州警察局。随后，他又多次获得了加州卫士和泛美和平警察奖等多项荣誉称号。

这个故事真实得让人感到传奇。如今已经47岁的比尔，仍然供职于美国加利福尼亚州的警察局，同时，他还兼任美国多所监狱的心理咨询师，经常与犯人们沟通心理和心情。

比尔说，其实他一直活得很快乐很充实。他要感激父亲的满怀亲情，感激自己的天使微笑，感激那件温暖外套和那篇天真作文，这些都成为了他的动力。

法律奠基于人性之上，人本善良，法亦没有了规则。

就像比尔一样，其实在这个世界上，每一个人都能成为天使，只要他懂得微笑。

上帝的谈话

约翰是一个小偷，可以说，他的专业技术到了可以用炉火纯青来形容的地步。在同行业中，在同出一门的师兄弟中，他是唯一一个没有被逮住的人。因此，在这一行中，他的声望相当高。他也口出狂言：天下没有他拿不到的东西，也没有他进不了的房子。

这天，他在镇上的酒馆里喝酒，正巧碰到了他的朋友比尔，一个不久前从监狱里放出来的师弟。先是拥抱了一阵，然后两人边促膝交谈边喝酒。比尔告诉他，在这个小镇教堂对面的那条街的街中间，有一户门牌号码为××的人家，家中有几万美元的现金。并且问约翰：“我的朋友，你敢不敢去？”约翰轻蔑地笑了，回答道：“为什么不？”

“可是他家里养了一条很凶很凶的狼狗！”比尔提醒道。

“这不是问题，我的朋友。”约翰很自信。

第二天晚上，约翰就带上了他的宝贝万能箱，朝街心走去。很奇怪，整条街都是漆黑的，只有街心有户人家亮了门灯，而且这家就是他所要找的那户人家。

他先把安眠药涂在肉上，然后扔在了狗的面前，不一会儿，狗便倒下去了。接着他熟练地打开了内室的门。外屋里的人还没有睡，但这并不影响他的工作，因为他知道一个出色的小偷，是不会在意工作时外界的环境如何恶劣的。凭着他过硬的技术，他很快拿到了钱，确确实实是几万美元。他很奇怪，家中有这么多钱，可这户人家的防盗措施竟会如此的差。这就勾起了他的兴趣，他把耳朵“伸”到了外屋门边，想一探究竟。

“我说，老头子，咱们是不是该花钱请个保姆啊！咱们两人的眼睛都瞎了，总这样过下去，也不是个办法啊！”屋子里传出一个苍老女人的声音。

约翰的心一惊：既然是瞎子，又为何整夜亮着门灯，这就更加勾起了他的兴趣。

“是啊！老婆子，应该这样，可是，咱们现在的日子都不好过了，哪来的钱请保姆呢？”一个老头子紧跟着回答。

“儿子空难后，航空公司不是赔了几万美元吗？为什么不用这些钱？”

约翰的心一沉，用牙齿咬了咬嘴唇，继续听下去。

“你疯啦！老婆子，你怎么忘了，我们不是说好用这些钱给镇子里的孤儿们盖一栋房子吗？”

约翰的心一震。

“是啊！你看我这记性，都给忘喽。老喽，不中用了。可是，咱们也得花钱交电费啊！门口的灯整夜亮着，很耗电啊！”

“没关系，只要别人在这条街上走路不摸黑就行了。你也知道，这条街上的路很难走的，又是夜里，万一行人跌倒了怎么办？还有咱们的‘儿子’克拉尔，虽然它每天都要骨头喂，但是只要咱们每天多糊两个小时的纸盒就行了，这日子还是能过的啊！有了克拉尔，行人就不用担心这条街有强盗了啊！”

“是啊！也只好这样，谁让咱们年轻那会儿只养了一个儿子呢！早知道今天，还不如当初多养一个呢！”老妇女抱怨道。

“别说了，咱们还有这么多纸盒要糊，快干活吧！”

当晚，约翰坐在门口流了一夜的泪。他也是个孤儿，也是被人领养的，但他不服新爸爸对他的管教，一怒之下，偷跑出来，才干上这一行的。

第二天，老夫妇的门口留下了两样东西，一样是他的几万美元，另一样则是一个很小巧、很别致的万能箱。

从此，在这个小镇上，就再也没有人看见过约翰了。约翰就此神秘地消失了，没有人知道他去了哪里。

我能看见我自己

表哥在上海从事销售工作，推销一种儿童智力开发音像教材，听说月收入近10万元。表哥只有高中学历，能有如此高的收入，一开始我不太信，以为他在吹牛。直到有一次我去上海出差，顺道去看他，当他开着一辆好车，将我领到他200多平方米的豪宅中时，我才彻底信了。

我与表哥从小一起长大，已经有六七年未见了，因此见面后特别兴奋，似乎有说不完的话。晚上我们干脆决定睡在一个床上，好彻夜长聊。

当天晚上，我们在床上聊到近11：30时，表哥突然对我说："坏了，光顾着跟你聊天，忘了给明天要见的一个客户打电话，约见面的地方了！"

说完，表哥便下了床，打开灯。我本以为他要去找手机，没想到表哥却换下了睡衣，然后穿上衬衫和西服，接着又打上了领带，最后还对着镜子梳了梳头，喷了一些香水。

我疑惑地问道："你是打算马上出门去见客户吗？"

表哥说："不是，给他打一个电话就行了。"

说完后，表哥才拿起电话。电话接通后，他先是礼貌地向对方道歉，称这么晚还打扰对方非常不好意思，然后将见面的地点定了下来。

挂断电话后，表哥又脱下西服、衬衫，随后穿上睡衣回到床上。这下我就更不解了，问他："打电话时对方根本看不见你，为什么还要费这么多事，又换衣服又打领带呀？"

表哥微微一笑，解释说："你有所不知，客户的确是看不见我，但我自己看得见自己呀！如果我穿着睡衣给客户打电话，那么不仅是极不尊重他，而且在语言和表情上也会不在状态，这不是一个专业的推销员该做的。"他停顿了一下，继续说道："但当我穿上西服，打上领带，我就会感觉自己仿佛真的站在客户面前了，因此会时刻注意自己的言行，说话的语气和表情也会到位了。"

发自内心的尊重对方和自觉要求的严格规范，通过表哥夜里给客户打电话的这一细节，我知道了什么叫"专业"和追求完美，同时也明白了他为什么每月能有不菲的收入。

读懂天使的微笑

这是小男孩进入新学校后的第一节课，老师开始点名。

“莎士比亚，谁叫莎士比亚？请站起来。”听到老师这话，小男孩很胆怯地伸出了头，最后慢腾腾地站了起来。

小男孩有一头棕黄的卷发，脸上有着一块让人感到十分可怕的疤痕，最重要的，是他弓着的身体——尽管只有7岁，但他的背部却驼得十分厉害。

看着他的这个模样，教室里瞬间哄然大笑——这难道就是“莎士比亚”？我们敬爱的莎士比亚先生可是一位著名的大文豪大作家，可就这小子的模样……教室里笑声不停。看着喧闹的教室，索非特老师挥了挥教鞭，立即进行了制止，并继续着她的课堂点名。

后来的家访活动中，索非特老师才知道，莎士比亚的母亲在怀孕期间，因为吸食了毒品，才使得小莎士比亚变成了今天的这个样子，莎士比亚出生后，母亲就没了踪影。莎士比亚的父亲是一个彻彻底底的赌鬼和酒鬼，每次赌输了就回家闷头喝酒。在这样的家庭里，直到25个月的时候，莎士比亚还不会说话。其间，尽管有不少好心人过来领养他，但他们看到莎士比亚的这个样子时，都彻底地失望了。最后，社区教堂的修女把莎士比亚带了出来，并尽力地喂养和教育他。第29个月的时候，莎士比亚才开始学说话。

7岁的时候，莎士比亚开始了他的求学生涯，他很用功，并没有因为自己的样子而变得自卑，相反，他更加地努力学习，期间，尽管有不少同学在课余甚至是课堂之上羞辱他，嘲笑他，但他依旧微笑着，所以无论是数学课，还是思想品德教育课，莎士比亚一直都是拿AAAAA。每次放学回到教堂，除了做作业，他就是帮助教堂或者社区做义务短工，所以社区居民们对莎士比亚的印象深刻，并没有因为他的样子而改变看法，在大家的眼里，莎士比亚依旧是一个有着爱心的天使小男孩。

时间转眼到了1987年，那个时候莎士比亚刚满9岁，那是二年级的一次期中考试，索非特老师意外地发现，一向上课很用功的莎士比亚，竟然没有在考场上出现，她大感意外，于是考试结束后，她立即驱车来到社区教堂，只见莎士比亚打着绷带，蜷缩着身体躺在床上，看样子伤得不轻。

修女轻声地告诉索非特老师，莎士比亚是在上学的路上被人打的。

听到这话，索非特十分意外，她连忙问莎士比亚，这到底是怎么回事，沉默的莎士比亚才向她娓娓道来。

原来，在上学的路上，莎士比亚看见三个比他大四五岁的男孩，正嘻嘻哈哈的说笑着，说“哥伦比亚”是美国的耻辱，因为没有那个技术就不要冒险，那几名工作人员死掉是活该，找死。谁让他们太相信国家的科学技术了。那么爱冒险，死了活该，死了也只配下地狱。

几个年轻人所提到的“哥伦比亚”，是美国前不久进行航天飞行试验的“哥伦比亚”号航天飞机，因为意外，飞机在起飞十几秒后就爆炸了，机上的几名航天飞行员也在爆炸中身亡。

莎士比亚听到这话，非常生气，就当面对那几名大男孩吼道：“你们没有爱国之心，就别做美国人，你们也不配做美国人。”

看到这个丑陋的小男孩，胆敢这么直言不讳的辱骂，几名大男孩火了，就把莎士比亚拉过来一阵暴打。随后，路边的行人连忙拨打911报了警。目前几名涉事男孩正在警察局接受调查。

“索非特老师，您能陪我去趟警察局吗？”莎士比亚忽然开了口，索非特很是一惊，她不明白莎士比亚为什么要在这个特殊的时刻去警察局，但她相信懂事的莎士比亚，他一定有他的道理。

在警察局，办案警察准备把这三名大男孩拘禁15天，莎士比亚来了以后，向处理的警察求情："能不能不拘禁他们，换成去社区教堂服务，这样对他们的改造更好，我和他们一起劳动。"随后，警察局同意了他们的请求，但有一个条件，必须是在15天后，由莎士比亚写鉴定，根据鉴定内容，警察局将记录到这几个大男孩的档案里。

随后的15天，莎士比亚一声不吭地带着这三名大男孩，默默地清理社区垃圾，打扫卫生，去照顾瘫痪的老人詹姆斯太太，以及在教堂的空地上做弥撒。

在这15天里，在莎士比亚的带动下，三个大男孩很努力，也收获了帮助别人的乐趣，每次在劳动时，别人都会对莎士比亚说："哦！亲爱的莎士比亚，你又开始工作啦。愿主保佑你，我的小天使。"每次听到这话，三个大男孩都很开心，似乎别人是对他们说的。

15天后，莎士比亚亲自把这三个大男孩的鉴定送到了警察局——他们都是很用功、很有爱心的人。在社区教堂期间，他们都表现得相当出色，赢得了大家的美誉和称赞。其实，在每个人的心底，都睡着一个爱心天使，我们所要做的，就是唤醒心间的爱心天使。

后来，这三个男孩都和莎士比亚成了最要好的朋友，其中一个男孩，如今还是美国佛罗里达州的慈善大使呢！

如今30岁的莎士比亚，正供职于美国国家航天局，他也是哈佛大学航天专业的首位残疾人博士。他的"在每个人的心底，都睡着一个爱心天使，我们所要做的，就是唤醒心间的爱心天使"这句话，已写在了美国许多教堂义工服务室的门口。

咸水鳄鱼的智慧

在南亚、东南亚沿海和澳洲北部的海域中，生活着一种咸水鳄鱼，这种咸水鳄鱼是世界上最凶猛的食肉动物之一，它们通常生活在江河的入海口和水浅的海岸边。

它的身体最长时可以达到6.9米，重量可超过1吨。它的体表被一层坚硬厚实的角质鳞甲保护着，这套天然的盔甲可以大大降低鳄鱼散失的热量，增强它们抗饥饿的能力。

咸水鳄鱼很有趣，只要一吃饱，它就在沙滩上晒太阳，一副很犬儒的样子。别看它的模样不咋的，但是，它的脑袋非常好使。比如，在陆上与水中捕猎物时，它所用的手法是不一样的。

它可以把陆地上的强劲对手往水里拖，把水中的强劲对手往陆地上拽，咸水鳄鱼这两套不同的捕猎方案，有效地保障了自己处于优势地位。

它有足够的耐心，经常成群结队地潜伏在河流边，伺机攻击到河边饮水的家畜。它知道，想要捉到陆地上的猎物，光靠自己的速度是不行的，那些猎物都比它跑得快，虽然自己有锋利的牙齿，追不到对方也是白搭。

多年的狩猎经验告诉它，有些猎物总要到河口饮水的，只要它们有足够的耐心等。时机一到，这些隐身已久的咸水鳄鱼会突然一跃而起，用血盆大口去捕捉到岸边饮水的猎物。

一旦它捉住野猪和袋鼠等猎物，一场搏斗势在难免。这些对手身陷绝境时，反抗的力度很大，咸水鳄鱼一不小心就会把到嘴的猎物放跑了。

可它很聪明，知道这些动物在陆地上很有力气，不易对付，在水里就不行了。所以，搏斗时，咸水鳄鱼会把对手使劲拖到水中，让对手失去天然的优势。接着，群鳄一拥而上，分而食之。

相反，它在捕捉水中猎物时，则会反其道而行之。当它与鲨鱼狭路相逢时，咸水鳄鱼则会拿出另一种“绝活”。水中的鲨鱼，力量总是很大，动作也比咸水鳄鱼灵活得多。当它在水中生死相搏时，咸水鳄鱼几乎占不到一点便宜。在这种情形下，咸水鳄鱼的耐心又派上了用场，它会死死咬住鲨鱼尾巴，坚决不松口，然后静静地等待最佳的时机。

相持一段时间后，咸水鳄鱼会有意把习惯在水中生活的鲨鱼拖到干燥的陆地上，继续与之搏斗。只要一来到了岸上，水性很好的鲨鱼立刻就失去了自己的优势。最终的结果往往是，水中的霸王——鲨鱼无可奈何地失去了反抗能力，成为咸水鳄鱼的口中美餐。

虽然咸水鳄鱼的身体不会像变色龙那样变色，但它的脑袋却会像变色龙那样“变色”，因此，有人把咸水鳄鱼称为“另类的变色龙”。这种超常的智慧，让咸水鳄鱼成为生存的强者。

一切在变，唯有变是永恒。应对不同目标时，把自己的长项灵活地发挥出来，是接近成功的最好策略之一。

人生的逆转

我要说的是一则无比真实的故事。

大约是12年前，重庆有一对家庭并不富裕的姐弟，他们同时在当地的一所职业中专学校里读书，期待将来有所作为。可是，上天并没有让他们心想事成，相反还送给了他们一场不幸。一天上午，他们的父亲在出差的路上被车撞死，司机逃逸，伤心欲绝的母亲下午急匆匆地赶往父亲出事的现场，不料祸不单行，慌乱中竟然也被车撞了，所幸保住了性命，但双腿却从此残废。

短短一天之内，父母一亡一残，为了治母亲的腿，家里又背上了沉重的债务，姐弟俩一下子都上不了学了。为了生活，两个人带着母亲一起来到了北京谋生，姐姐和母亲落脚在人大附近，弟弟则混迹在北大周围。之后，他们便开始了各自的营生求存之路。

先说弟弟。一开始，弟弟只能一边靠卖键盘等赚点儿小钱，一边报考了计算机自学考试。通过努力，两年后他拿到了计算机自考的大专学历，但是依旧很难找到一份像样的工作。北大的南门有一家河南烩面馆，他便主动找上门，要利用空闲时间替老板打工，工资一分不要，只要老板晚上让他睡在烩面馆里。从择菜到拼盘，再到最后的炒菜，弟弟在烩面馆里干得非常出色，也深得老板的喜欢。

一天，烩面馆里的收银机出了故障，打电话找维修工，对方却不愿意来，认为活太小，如果自己搬出去修又太麻烦。就在老板发愁时，从厨房里走出来的弟弟说："让我来试一试吧。"没想到不一会儿，收银机就真的被修好了。老板大为吃惊，他没想到一个打工的伙计居然会修这个，于是便问："你不像一个炒菜的呀？"弟弟答道："我的确不是，我是计算机专业的大专生。"老板又问："那你为什么要在我这个地方免费干活。"弟弟说："我没有钱租房，在你这里至少过夜是免费的。"

在听完弟弟的遭遇后，烩面馆的老板大为感动，因为这个老板之前也是一个推销电脑的，于是便推荐弟弟去北京太平洋大厦里卖电脑。有了这个机会，勤奋的弟弟很快便通过自己的努力和钻研，从一个卖电脑的业务员，变成了一个做工程的，后又成为了一位非常有实力的电脑技术工程师，几年后，便在通州区的上东庭买了一套280平方米的房子，现在弟弟已是一个年薪过百万元的部门总经理了。

再说姐姐。姐姐刚开始在人大对面的巨人学校里当教务员，说是教务员，其实就是一个打杂的，什么脏活累活都得她干，但是她坚持了下来。很快，她便发现北京的在职研究生培训市场非常有潜力，许多发达起来的人需要提高自己的学历素质，于是，从1999年起，她便在北京的前门附近租下了一个地下室，开办了一所小型的培训学校，挂靠在当时北京市场报和人民大学合办的在职研究生班下，由她负责招生，如果招到人，利润按二八分成，她拿二。

之后，姐姐便开始在北四环的一些高档豪华小区里，挨家挨户地一个个敲，请求别人来学习，她告诉人们可以拿到国家承认的学位证。从一开始不断吃闭门羹，到第一期招来的9个学员，到第二期招来的18个学员，再到第三期的90个学员，直至3年后的2002年，每期能招到20多个班，好几百人。

其间，姐姐本人也参加了人民大学的网校学习，并顺利毕业，之后又到了德国的多特蒙特大学留学。如今，姐姐已经在北京清华家园以及北京大屯路上的高档公寓里拥有8套房产，而且有了一个真正属于自己的公司，当起了老板，公司每年的赢利状态都很好。

我之所以如此清楚地知道这个故事，是因为有一段时间自己曾跟弟弟是门对门的邻居，是弟弟亲口跟我说的。

上天是不公平的，但上天最终又是公平的，只要你敢于与它较劲！灾难、困顿、窘迫降临之时，改变和逆转它们的希望在你心中，当然绝望也在。

怎么出来

女儿刚上初中，这个年龄的女孩子，别的事情知道的不多，就是满脑子的脑筋急转弯多得吓人。说出来不怕别人笑话，她每每向我提出那些古怪的问题，经常弄得我这个当父亲的颜面无存。

有一天，正好是周末，她见我无事闲转，就蹭到我的身边："老爸，今天再给你出个脑筋急转弯，开阔一下你守旧的思维，好不好？"

"有一只小鸟无意中从烟囱里掉到一间空房子里，那个房子没有与外面相通的地方。它一心想飞出去。可那房子有玻璃窗，它一看窗外的亮光，就用力向玻璃上撞去。可它无论怎样在上面来回撞击，却总是无法离开那个地方，请问，它如何能飞回自己的家？"

我一听，就赶紧开动了思绪："鸟这种东西不比人，它一不会开门，二不会推窗，三不会打110，怎么出去呢？而且我知道这时候的鸟通常会撞击玻璃，它当然不知道玻璃是透明的，外面那自由的景观，表面上充满了诱惑，其实却是不折不扣的海市蜃楼，只能把它引向空洞无望的歧途。它的力量太小，肯定是撞不开玻璃的。况且就算撞得开，也不符合这道题的意思呀！各种出去的可能性都被排除了，这只鸟不可能出得去了，这小丫头肯定在耍我！"

想到这里，我就对她说："这个脑筋急转弯又是和往常那些偏题怪题一样，不可能有什么好答案的，我不想再费这个神了！"女儿笑了："老爸，难道真的没有答案了吗？""有，也是歪理邪说，上不了大雅之堂的。"我一脸认真地说。

“这一个问题的答案是这样的，它是应该能出去的。中国人不是说过一句老话吗？从来处来，到去处去。这只鸟难道不能从它掉下来的那个烟囱里再倒飞回去吗？”女儿一脸得意地对我说。

听完女儿的答案之后，我先是一愣，接着恍然大悟：“我只是在习惯思维的各个角度逐个排除，怎么就没有想到它是可以从掉进来的地方再飞出去的呢？”

生活中，我们有时也经常会像那只鸟一样，一旦陷入某种自认为无法解脱的困境，就会六神无主地到处乱撞，甚至还会把海市蜃楼似的玻璃窗当作重新获取自由的突破口。它让我们像那只鸟一样，看到了虚拟的光明与希望，就茫然地去用力乱撞——看似前途光明一片，其实，却永远没有自己的出路。

这种做法，显然与那只被困的小鸟没啥两样，都缺乏这样的智慧：为什么不去考虑一下，当初自己是怎么进来的？

竹子与鸡

女儿自从上了初中，读过几篇关于竹子的文章后，就一心向往着做个雅人。她经常摇头晃脑地说：“宁可食无肉，不可居无竹。”

我对此不以为然。心动不如行动。她就用自己的压岁钱从集市上买来了几支青竹苗，栽在自家的屋后。她无限神往地对我说：“要不了多久，我们家很快就会有一个青青的竹园可以每天观赏了。”

这些事我本来就不在行，也懒得管。她可是上心了，为了让这些竹子能茁壮成长，可谓费尽心思：每天放学后都要亲自去视察一遍她的竹子，还不时地浇水、施肥。

当竹笋长出来时，女儿高兴极了。除了每天督促我替她看场子，放学回来以后，她都要看看她的竹子长势如何。尤其可笑的是，家里那十几只鸡一旦靠近她的竹子，她便如临大敌一般，急忙上前去驱逐它们。

可是，事与愿违，她的竹子并没有像她料想的那样，没几天就长成青枝绿叶，成为她眼中的清供。反而个个长得枯黄干瘦，一副无精打采的样子。见此情景，她急得几乎要哭了，追问我这到底是怎么回事。我这个外行对此自然也不懂，可架不住女儿央求，只好替她另找高人前来救驾。

我的一个懂行的朋友应邀前来。他到那些竹子旁边转了一会儿，口中沉吟道："水分与肥料都不缺，光线也不错。这问题出在哪儿呢？"他想了一会儿，笑着对一脸焦虑的女儿说："没有什么，你只要把家里的那些鸡都放到这里来，任它们在此地自由行动，要不了多久，你的这些宝贝竹子全部都会青枝绿叶的。"

女儿对此一脸的不相信，这些鸡能有什么用途，何况，它们说不定还会把这些竹子的根弄伤呢？朋友笑道："闺女，你听叔叔的，包管你的竹子很快就会变青了。有问题，叔叔给你赔新的。"女儿看到朋友的那一脸自信，只得将信将疑地答应了。

没过多久，那些竹子还真得像朋友说得那样，一根根精神抖擞，不仅全部转青变绿了，个个还长得很高大。女儿简直乐坏了，逢人就夸朋友的本领了得。我对此也感到有点纳闷，逮个时机就问朋友，这到底是怎么回事。

朋友神秘一笑："这事要说出来也没有什么神奇的地方。竹子的根部易生虫子，而且它们对竹子的生长有很大的影响。你知道鸡为何喜居竹林？竹子的根部经常有小虫可吃呀！咱闺女虽然经常给竹子浇水、施肥，可这些竹子还得要经常除虫、松土才能长得更漂亮。这些鸡每天环绕竹根觅食，可谓是一举两得：鸡在竹林旁，既可觅食，又可助之生长。它们不仅专吃那些竹根旁边的虫子，还能间接地替竹子的根部松土。因此，这些竹子转青变绿，也就自然而然了。”听了朋友的这番话，我笑了，我女儿每天不遗余力地驱逐那些鸡，原意是想不损害这些竹子，没想到反帮倒忙了。

人与人之间的关系，有时正好比竹子与鸡：人生在世，每个人都不可能单独而存在。人与人之间相互护佑，才能更好地彼此依存。

祖母的留言牌

抗战胜利和叔叔失踪的消息是同时传到祖母那里的，她不相信儿子小宝就这么没了，她说：“儿子一定会回来的。”所以，每天吃饭的时候，祖母都要在桌上多放一碗饭。到冬天时，她还要吃到中间把那碗饭再热一热，怕凉了。

我从小就看着祖母每天都在不厌其烦地做这件事，觉得很奇怪，于是便问：“奶奶，这一碗饭是给谁吃的呢？”“你小叔呀！”祖母温柔地摸摸我的头，语气坚定，仿佛她的儿子正在田地里干活，马上就会回来。

“可是，大家都说小叔已经很久不回来了呀，他吃不到这碗饭的。”我不识趣地追问道。

“会吃到的，你想呀，如果有一天你小叔在我们吃饭的时候突然回来，那时，他若看到桌子上没他的饭，或只是一碗冷饭，他会觉得我们一家人已经把他给忘了！”祖母说。我似懂非懂地点点头，然后继续埋头吃饭。

在家里，小叔有一个属于他的房间，祖母每次打扫卫生时，都不会落下它，床单和被子都会定期洗晒，而且从不允许任何人往那间房里放杂物。即便是家里来了客人，要留宿一晚，祖母也绝不让他们睡在小叔的床上，祖母说：“要是正好那天晚上你小叔回来了，却发现没地方睡，那他该多伤心呀！”

日子一天天过去了，祖母依然早晚都在盼着某一刻小叔能突然出现。可是，一直没有。

时间到了20世纪90年代，我们村实行城镇化改造，要求村民集体搬迁到几十里外的一个新城，把原先的地方让出来建开发区。当其他村民都陆续搬走时，已是耄耋之年的祖母却死活不肯搬。

最后，在搬迁办同意了她提出的条件后，祖母才答应搬家。祖母的条件是，在我们家老宅的地基上竖起一块高高的牌子，上面写着：“小宝，我们搬家了，回来时请拨打新家的电话×××，妈妈留。”

1998年10月的一天，一位从台湾基隆来的、满面沧桑的老人，出现在我们新家的门口。他穿的衣服和鞋子都很旧。他就是我的叔叔，回来见他50多年未见的亲娘。

小叔说，当他找到老家，看到那高高竖起的牌子时，便知道老母亲还在挂念着他这个不孝之子。小叔还说，他在台湾很好，生活很富裕，但为了不让母亲见面时认不出他，他特意穿上这套参军时母亲亲手给他做的衣服和鞋子……

遗憾的是，祖母已经看不到小叔的这身装扮了。因为她已在10年前去世了。小叔不知道的是，祖母在临终前，曾反复交代，一定要记得定期去老宅那看看，别让风把那块召唤小叔回家的牌子给吹倒了，也别让风雪腐蚀了牌子上的字和电话……因为那是指引她的小儿子回家的路。

水葫芦的妙用

维多利亚湖位于非洲中东部，是非洲最大的淡水湖。1858年，英国探险家约翰·汉宁·斯皮克成为看见维多利亚湖的第一个欧洲人，当时他正同同伴理查德·伯顿为英国殖民当局寻找尼罗河的源头，并探索战略资源。斯皮克一看见如此宽广的水面即认定他找到了尼罗河之源，他以当时的英国女王维多利亚命名了此湖。

维多利亚湖中多岛屿群和暗礁，岛屿面积近6000平方千米，其中以乌凯雷韦岛最大，高出湖面200米，岛上人口稠密，长满树木。西南岸有90米高的悬崖，北岸平坦而光秃。湖岸线曲折，长度逾7000千米，多优良港湾。集水面积约20万平方千米。

维多利亚湖水产丰富，是非洲最大的淡水鱼产区，年渔获量约12万吨，尤以非洲鲫鱼著名，众多渔村环湖分布，棉花、水稻、甘蔗、咖啡和香蕉广泛种植。维多利亚湖曾经有200多种鱼类，以吴郭鱼最具经济价值。

可是，自20世纪50年代，尼罗河鲈鱼被引入维多利亚湖后，当初的想法是以此增加湖区渔业的产出，没想到这种鲈鱼是一种大型肉食性鱼类，它的到来，给湖中的生态系统造成了灾难性的影响——数百种当地特产物种自此灭绝。

为了赶走鲈鱼，当地人引进原产于美洲热带的水葫芦至维多利亚湖。水葫芦原产于南美，它的生命力旺盛，繁殖力强，是已知植物中生长繁殖最快的物种之一，其长势凶猛，呈几何级数增长。由于繁殖快，水葫芦严重影响了水域生态平衡，所到之处，总给当地的水上交通带来不便。

在非洲第一大湖维多利亚湖，这种水生植物在带来这些问题的同时，也给当地人带来了惊喜：虽然水葫芦在这里影响到交通、捕鱼、水力发电和生活饮水，以致人们专门培育出一种以水葫芦为食的象鼻虫来对付它们。

但是，湖中销声匿迹多年的一些鱼类又重新出现了。像鲶鱼、肺鱼、弓鳍鱼和慈鲷等在这里已基本绝迹30年的鱼类再次现身，且数量呈渐增趋势。

原因在于水葫芦繁殖力强，能很快覆盖大片水面，使水中其他植物不能进行光合作用，水中的动物也无法得到充足的氧气与食物。正是凭借这一点，水葫芦在维多利亚湖中成功赶走了尼罗河鲈鱼，为其他鱼种提供了属于它们的生存空间。

任何事物都有其正反的两面性，如果我们能让事物的缺陷为我所用，把它的缺点转化为优点，就能发出意想不到的光芒。

渡边井下的春天

每次放学回到家，妈妈就把渡边井下抱在怀里，抚摸不已。

躺在妈妈怀里的渡边，只是憨憨地傻笑，他不明白，从小到大，妈妈为什么都有着这一成不变的动作。

今年8岁的渡边井下，是冲绳德仁教育学校里唯一的混血儿，他的智商只有69，还没有达到正常人的水平，为了能让渡边进入冲绳德仁教育学校求学，渡边的妈妈花费了其他孩子三倍的学费。当时，整个冲绳岛没有特殊教育学校，渡边若要求学，只能选择德仁教育学校。

为了能让渡边物质生活过得好一点，渡边的妈妈不得不吃力地在一些场合卖弄着自己，作为一名艺妓，她最大的愧疚，就是在儿子降临到这个世界的时候，自己不但没有给他一副正常人在智慧，甚至连一个好的名声都不曾给。

可渡边不这么想，他只觉得妈妈是世界上最美丽、最伟大的妈妈。在学校里，一些高年级的学生经常欺负渡边，有时候在他的身上放一条毛毛虫，有时候在他的书包里放一只大老鼠，或者，趁着老师不在的时候，像骑马一样骑在渡边的身上。渡边一直都默默忍受着，但是，如果有别人说他妈妈是个坏女人时，渡边就会毫不犹豫，用尽全身力气，把他们打倒在地。

渡边的妈妈还很年轻，才27岁。据说1999年的时候，妈妈还是一名高中生，一次放学回家，在路上被一个喝醉酒的美军士兵欺负了，后来就怀上了渡边，因为对生命的热爱和敬畏，16岁时妈妈就做出了一个惊人的决定，把腹中的渡边生下来，渡边妈妈一再坚持的结果是一家人都离开了她，不声不响地搬到东京去了。

时间如梭，转眼就过去了8年，岛上的美军士兵换了一批又一批。每逢周末，渡边的妈妈就会去一次美军基地，把渡边的一周学习和生活情况以纸张的形式，张贴在基地的外墙上。

渡边的妈妈所做的这一切，在别人看来，都是极不正常的。只有渡边知道，妈妈做这一切，完全是为了他自己，是希望他能有一个完整的家庭，有一个疼爱他的父亲，有一个良好的成长环境。

渡边的妈妈，一直在坚信着什么。

忽然有一天，几名喝得醉醺醺的美国大兵，又欺负了一名14岁的日本初中生，这一次，更加激起了民众的愤慨。冲绳县的民众走向街头，走到美军基地，举行游行示威，抗议美军的暴行，妈妈和渡边也在游行示威的队伍里。

美军基地里面一名名叫詹姆斯的中校，负责处理这起事件。妈妈在游行队伍里，看见了詹姆斯后，停顿了5秒钟，然后迅速低下了头——是他！真的是他!

詹姆斯中校也看见了渡边母子，他的样子很怪异，脸也涨得通红。不久，渡边和妈妈草草地结束了这次游行，回到了家。

渡边看见妈妈的那个样子，似乎是明白了什么，这一刻，他表现出了超乎寻常的智慧。

几天后，渡边的妈妈接到了一个纸盒，盒子里全部是日记本，在盒子的最上面，用日语写着几个字——一名懦弱父亲的骄傲，我的渡边井下成长日记。

日记上面，收集着渡边母亲去营地外张贴的文字。除了日记，上面还附着几行字——我一直深深地处在自责和懦弱之中。作为一名美军基地军事训练教官，我很成功，作为一名父亲，我很失败。我没有照顾好自己的儿子，没有为他的成才成长尽心竭力，甚至，我都没有颜面去见他，我处在深深的忏悔之中，我希望自己能早点结束这样的日子。

看完这一切，妈妈把渡边井下搂在怀里，唏嘘不已。

几天后，美军基地对外发布了声明：这次几名强奸日本少女的美军士兵，将会受到军法处置。受到事件影响，处理此次事件的美军中校军官詹姆斯也将离职。

接下来的故事发展实在是太迅速了，大大出乎了众人的意料。

离职后的詹姆斯，忽然在冲绳购买下了一套房子，然后很快就成立了冲绳第一所特殊教育学校——渡边爱心教育学校。这也是全日本唯一的一所美国人创办的特殊教育学校，学校只接受智弱智障学生，渡边井下是学校的第一个学生，詹姆斯先生将是学校的第一任校长。

一个阳光明媚的早晨里，詹姆斯牵着渡边瘦弱的手，静静地漫步着。

渡边的生活此刻发生了巨大的变化，一向对美国人极为敏感的日本民众，这一刻忽然安静了下来。

对于渡边井下来说，渡边爱心教育学校永远都是一个春天，而他，也成了冲绳岛的一个童话，以及一个神话。

父亲的铁盒

一病不起的麦卡夫老人很担心他走后，两个儿子会因为财产伤了感情，彼此受到伤害。这样的事情，麦卡夫在印度见过太多了。何况，平日里两兄弟乔瑞和杰克的关系也不太好。麦卡夫决定在去世前，分配好财产，以免留下后遗症。

这天，病入膏肓的麦卡夫把小儿子杰克叫到床前："孩子，有一件非常重要的事情告诉你——我决定瞒着你哥哥，把一套房子留给你。房产证就在我书桌第三个抽屉的一个铁盒里，里面还有我的房产继承遗嘱，到时你拿着它去过户就行了。"

"亲爱的儿子，记得这件事千万不要让你哥哥知道。"麦卡夫最后叮嘱道。面对将要离世的父亲，杰克很难过，但知道父亲如此偏爱自己，他还是很欣慰。

没多久，父亲去世了。沉浸在痛苦中的兄弟俩很长时间都不愿交流，谁也不好意思开口提分财产的事。

半年后的一个晚上，杰克推开了乔瑞的房门，说："我有一个秘密，今天得告诉你，否则我会良心不安。"

"是吗，太巧了，我也有个秘密要告诉你。既然这样，那我们就直截了当地说吧。"听到乔瑞的话，杰克有些吃惊。他愣了下说道："爸爸在新德里有套房子，留给了我。我怕你知道这事会伤心，本打算直接把房子卖掉后，编个理由把一半房款给你，但现在还是决定告诉你。”

“真的吗，爸爸也留给我一套房子，但不在新德里，是在孟买。他说房产证和遗嘱就在他书桌第二个抽屉的一个铁盒里，我也打算偷偷卖掉那套房子，将房款分一半给你！”乔瑞说。

然后，兄弟俩同时取出父亲留给他们的盒子，准备一起平分财产。

但是，当他们分别打开铁盒时，里面却没有什么房产证和遗嘱，只有一张纸条。杰克拿起那张纸条念道：“亲爱的杰克，如果你是一个人看到这张纸条，那么爸爸会非常难过。而如果你是跟乔瑞一起看到它的，那爸爸便可以在另一个世界安然长眠了。记住，没有什么财产比你跟哥哥间的亲情更贵重，即便你们是同父异母的兄弟。”

“爸爸留给我的纸条也写着同样的话。”乔瑞惊讶地念道：“记住，没有什么财产比你跟弟弟间的亲情更贵重。爸爸不在了，杰克将是你在这个世界上唯一的亲人。”

“对，没有什么财产比我们兄弟间的亲情更贵重！”乔瑞一把将杰克紧紧地拥在怀中，藏在他们心中多年的隔阂在此刻融化了。

“谢谢爸爸，您留给了我们最伟大的遗产！”杰克满含热泪地说。

付出不亚于任何人的努力

创办京瓷时，稻盛和夫刚27岁，公司也只有28个人。起初，稻盛和夫只是想把京瓷办成当地市里的一家一流企业，但是，很快他又觉得应该是县里或省里的一流企业（日本县比市大），最终的目标应该是全日本甚至是全世界一流的企业。

在当时的外人看来，这完全是在痴人说梦——刚起步的京瓷什么都没有，面临着资金紧缺、设备跟不上、人才匮乏等诸多困境。

但稻盛和夫却执着地做起了这个梦，他反复暗示自己，这些都不是问题，只要努力就一定能行，一定行！

为了找到专业的技术人员，稻盛和夫时刻留意从身边走过的任何一个人，不管认识或不认识。有一次，他在一个小酒馆里吃饭，听见旁桌上有两个人在聊天，其中一人所谈论到的陶瓷电子元件知识，正是京瓷所需要的，喜出望外的稻盛和夫立即走了过去，邀请了这个人加入了京瓷。之后，这个人又很快帮他找来了许多其他这方面的专业技能人士。

京瓷一定能成为全日本甚至全世界一流的企业，平日里，稻盛和夫总是反复这样暗示自己，并将这种暗示原封不动、不打折扣地传递给京瓷的每一个员工。

“让我们拼命干吧！”早日成为一流企业的目标成了他和员工们前进的最大动力。稻盛和夫身先士卒，没日没夜地工作，一天只睡3个小时。而每晚，京瓷的员工也都忙到甚至会忘记吃饭，以至于外卖小贩们都守在京瓷公司的门口，一直到深夜。

即便是在吃饭的短暂休息时间里，稻盛和夫也会抓住这个空闲，边吃边跟员工谈理想，谈京瓷的未来，让大家树立不达目标誓不罢休的信心和目标。

稻盛和夫常这样对员工说：“这是一场马拉松式的长跑，我们起步已经迟了，在我们的前面有许多先头团队和大企业，京瓷在资金、实力等方面都不如他们，如果现在努力也不如他们，那我们还怎么有可能获胜？”

没有休息日，没有放松时，稻盛和夫要求京瓷一口气跑完全程，有些员工身体开始吃不消，有些抱怨。对此，稻盛和夫的回答是：“迟发又慢跑就毫无胜算，坚持快跑，也许中途会倒下，但也可能因此赶上早发的人。”

有一年的新年，稻盛和夫感冒了，高烧不退，但他依然坚持要参加京瓷50多个部门各自组织的迎新年晚会，并且跟每个部门的员工畅谈公司未来的计划和目标，激励和鼓舞大家继续奋斗。

又一年，京瓷要完成一项在外界看来根本不可能完成的任务，稻盛和夫跟全体员工说：“任务完成了，全公司人到中国香港免费旅游一次。完不成，全部到寺庙里修行。”结果，全公司上下齐心，超前完成了这项任务。

全力疾驰，跑着跑着，京瓷便很快赶上了前面的对手，然后他们欣喜地发现前面的那些人跑得并不快。于是，京瓷又加一把油，反而超过了他们，成了第一到达终点的人——创业第12年，京瓷成功上市，进入世界500强，创造了日本企业界的一个传奇。

以百米冲刺的速度跑完万米马拉松，在常人看来根本不可能，但稻盛和夫和京瓷做到了。

稻盛和夫常说：“当我们的努力程度输于竞争对手时，那么这样的努力就是毫无意义的，因此我们要付出不亚于任何人的努力。唯有这样，才能不会被淘汰！”

靠着这种精神，在52岁时，稻盛和夫又创立了日本第二电话电信公司，这又是一家世界500强的公司。在78岁的高龄时，他又临危受命，担当了日本航空公司的董事长，仅用了1年的时间就把日航从巨亏中带上了赢利的大道，使之成为当今世界上利润第一的航空公司。

付出不亚于任何人的努力，这便是稻盛和夫成功的秘诀，简单而有效。

感恩节的那束野百合

在这样漆黑的夜晚里，琼斯太太总是会被一阵阵寒意侵袭而醒来。火炉里零星的火花还在跳动，就像苟延残喘的人，仿佛断气前的挣扎。

收音机里每天都有不断传来的好消息，报纸上也经常大篇幅大篇幅地报道着，对于美利坚合众国的每一个公民而言，这些报道都是对珍珠港事件的一次次慰藉。几万美国大兵的死去，唤醒的不只是美国人的决心，还有仇恨。

琼斯先生出发的时候，正好在阳光明媚的春天里。夏威夷群岛每年的2月和3月是最冷的时候。在那个最冷的季节，她和丈夫道格拉·琼斯在美军军事基地的家属小屋里，围着火炉喝着咖啡。4月开始，雪逐渐地在融化，春的气息越来越近了。

1942年4月18日，在夏威夷美军基地詹姆斯·杜立特中校的率领下，由16架B–25轰炸机组成的空袭部队，从“大黄蜂”号航母上起飞。她的丈夫道格拉·琼斯在B–25米切尔型轰炸机的执行名单里，去执行高度保密的军事任务。对此，道格拉·琼斯在吻别琼斯太太的时候，只是笑笑带过，他不想让爱妻担忧。可是，从他出发的那一刻起就已经知道，这次任务绝对不会那么顺利。

从夏威夷群岛到日本本土，因为飞行路线过长，加上轰炸机上又挂上了许多重磅炸弹，所以回来的汽油根本不够，只能借助高空滑翔回来。

出发时间是在凌晨1点，那个深夜，琼斯太太没有上床，她一直在军事基地的家属小屋里，静静地等候消息。

8个小时后，出发的16架飞机，只有6架回到了基地。其余的，或者被击落，或者失去了无线电联络，其中就包括了道格拉·琼斯的那架飞机。

听到这个消息，琼斯太太不知道自己是怎么回家的。唯一让她安慰的就是，在不久后公布的被俘者和伤亡者名单里，没有发现丈夫的名字。

琼斯太太一直在努力尝试着寻找自己的丈夫，可是一无所获。3个月后，当其他遗失的飞机残骸或者飞行员被陆陆续续发现的时候，依旧没有道格拉·琼斯的行踪。

军事基地的军舰和飞机还是那么频繁的出发，然后返航，士兵中也会偶尔有旧面孔的消失。沙滩上的人群依旧那么开心，仿佛忘却了战争的痛楚。只有琼斯太太，她孤独的背影和着夕阳、浪潮，成为带队军官詹姆斯·杜立特中校心头的一掠痛。

每周给琼斯太太送咪达唑仑（安定）的时候，琼斯太太都会礼貌地向詹姆斯·杜立特问上一句："中校先生，我的丈夫道格拉·琼斯有消息了吗？"

5个月后的一天，也就是当年的9月份，琼斯太太收到了詹姆斯·杜立特中校送给她的特殊礼物—— 一份1942年5月出版的《晋察冀日报》。《晋察冀日报》是中国共产党晋察冀边区党委机关报，当时是红色中国的权威性报纸。其中就有这么一条新闻：我军边区医院积极救助轰炸日本的美军飞行员。这是5个月以来，第16架飞机的唯一一条新闻线索了。

收到礼物，琼斯太太笑出了眼泪。随后把杜立特中校送来的咪达唑仑（安定）扔进了火炉。

从这一天起，琼斯太太要学会做一个坚强的人，一个充满微笑的人，安静地等待丈夫的出现。

冬天来了，天气也越来越冷了。感恩节的前一天，杜立特中校突然来到了琼斯太太的小屋。衣着军装，很严肃地递给了琼斯太太一个简陋的木质盒子。对于士兵家属而言，这个盒子意味着不幸和痛苦。

“这是我们空军飞机从中国带回来的，是你丈夫道格拉·琼斯的，他是一个勇敢的人，一个合格的美军士兵！”

琼斯太太哆哆嗦嗦地打开了盒子。映入眼帘的，是一束很奇怪的百合花，还有一张便笺。

亲爱的宝贝：

我会跟随明天下午6点钟的飞机到达基地，准时在家吻你。

另，感恩节快乐！

道格拉·琼斯于中国

1942年11月23日

“杜立特中校，今天好像有点热。”琼斯太太身体抖了抖。

“我去给你冲杯咖啡！”本来去厨房的琼斯太太，忽然又回到了火炉边，使劲地往火炉里添了一把火！

共生就是共赢

在遥远的新疆天山，那儿除了巴音布鲁克草原的天鹅自然保护区之外，还生活着无数种叫不出名字的小动物。由于那儿人迹罕至，又有终年积雪封顶的天山诸峰，因此，那儿的小动物们几乎都是原生态快乐地生活着。

可是，就在这天高地远、杳无人烟之地，竟然真的存在着先人们在史书上记载的“鸟鼠同穴”的稀奇事。

那种鸟叫山灵，是一种类似于百灵或云雀之类的鸟儿。其体形有家雀两倍大，身上麻花羽毛。与它同住一穴的鼠叫黄鼠，体形大约比鼬要小，可比田鼠要大。

在那个地方的草丛里到处可以看见一座座拱起的小鼠山。这些看起来一点儿都不起眼的鼠山，就是这些山灵与黄鼠共有的“家”。别看这些鼠洞从外表看起来都不咋样，可在地下却犹如迷宫一般，洞洞相连，四通八达。

天上飞的山灵为什么要入住地下黄鼠的洞穴呢？因为这里没有树木，山灵找不到安全的地方做窝。没有办法，它们就只能与那些在地下做窝的黄鼠争地盘，抢占它们的洞穴为巢。

起初，那些黄鼠并不甘心自己的地盘被占，双方也展开了一些争斗。可斗来斗去，山灵最终还是入住了黄鼠的地下洞穴。而争斗无果的黄鼠也只好忍气退让。

不过，在黄鼠万分不情愿地容忍这个霸道的房客入住时，它们却发现了一个意外的收获：山灵与它们同住在一起，竟然可以有效地帮助它们预防某些天敌的入侵。

比如有一种菜花蛇，它是黄鼠的头号天敌。当黄鼠与山灵分别单独遭遇它时，因为黄鼠的视力不济，而菜花蛇的保护色又实在难于识别，因此，黄鼠常常会遭到毒手。但山灵就不同了：它们的眼力相当不错。再加上它们的反应又快又敏捷，所以能及时发现菜花蛇。

当山灵与黄鼠共处一穴时，每逢一些天敌来犯，山灵总是凭借着它出色的眼力，事先像一架预警机一样飞起来喳喳乱叫，以示有变。那些眼力不济的黄鼠闻讯后，就赶紧招呼亲友们入洞。那些天敌常常是欢心而来，空手而归。

因为山灵的入住，黄鼠洞穴的安全系数比先前有了空前的提高。它们再也不用害怕一些天敌会在自己的家门口搞一些突然袭击的小动作了。黄鼠在与山灵的那段痛苦的磨合中，惊奇地发现一个自己从来都不知道的秘密：容忍别人的存在，也可以于己有利。

大概也是从那一刻起，黄鼠开始心甘情愿地让山灵入住在原本只属于它们的洞穴里。于是，一个天上飞的山灵，因为无枝可栖而被迫转入地下求生；一个地下藏身的黄鼠，为了躲避天敌的偷袭而需要借助山灵的示警，这两种本来风马牛不相及的动物，竟然不可思议地和平共处在同一个洞穴里，从而形成天山脚下的一道耐人寻味的奇观。

这种现象在动物界被称为“共生”。在无法改变的现实面前，为了能够继续生存下去，一些动物常常会做出一些出人意料又极耐人寻味的相依相存的生存方式，并因此获得于人方便、于己有利的生机。

生活往往就是这样：当你愿意为别人开启一扇方便之门时，其实也是在为自己开启一扇方便之门。共生，也是一种共赢。

第四辑 做自己的人生唯一

无须时刻保持敏感，迟钝有时即为美德。即便看透了对方的某种行为或想法的动机，也需装出一副迟钝的样子。尽量从善意的角度去诠释语言，保持比对方迟钝的感觉。此乃社交之诀窍，亦是对人的怜悯。

——尼采

一只梨子的骄傲

没有人会想到，改变我的，竟然是一只梨。

小学二年级的时候，爸妈进城务工，我也跟着一块进城了。老家的爷爷奶奶外公外婆去世得很早，进城读书是我唯一的选择。

尽管坐在明亮的教室里读着书，可我知道自己的分量，永远也摆脱不了一个乡下孩子的身份，不只是我，我的好多同学也都在有意无意间的笑话我，于是，在这个较为喧闹的城市，在这有着许多白净面孔的校园里，我越发地自卑起来。仅仅因为我是一个乡下的孩子。

班主任是一名代课老师，已经快四十岁了，因为学历和家庭背景的原因，他一直都没有转正。开学后第一次考试，我考了个中等，但是在乡下的老家，我的学习成绩却始终是班级第一名。在得知我的情况后，班主任让我去他家，我知道，又是给我上政治课，找我谈心了。

中午的时候，我去了班主任家。一推开门，我就闻到了一阵水果的香味，班主任正坐在简陋的椅子上看书，他看见我后，便让我坐了下来。他说："冯有才，你以前的成绩非常好，为什么现在突然变化了呢？"

我低头不语。

他接着说："你觉得你比别人差吗？智力还是环境？"

我仍不说话，头却比以前低得更低了。

忽然，他也不说话了，似乎在思考着什么，房间内一片沉寂。我悄悄地抬起了头，发现他正用眼睛紧紧地盯着我，看着他的样子，我非常害怕，脸也涨红着，身体也有些微微地发抖。

他忽然笑了，起身拿起桌子上最大的一个梨子，递给了我。笑着道："拿回去，不要吃，放在桌子里。"

我愕然了，不明白到底是什么意思。但是我知道，这个梨子是非常值钱的，因为那个时候，买水果都是需要水果票的，这个梨子，足足抵得上我父母干好几天的活。

他说："冯有才，你要记得，你是我们班唯一一个农村来的孩子，你是一个典型，你或许能成为农村孩子的骄傲，或者耻辱。就像这只梨子，尽管离开了梨树，尽管有着全新的不同的环境，可它照样能发出诱人的色泽和香味。知道吗？你就是这只梨子，在这新的环境下，让大家都能感受到你的香味，让所有农村孩子都以你为骄傲。"

那一刻，我感觉浑身上下一片热血翻腾。

那只梨子，尽管没有保存多长时间，但却成了我的骄傲，因为我相信，我本来就是一只能发出诱人色泽和香味的梨子。

上个月的同学聚会，我是班上唯一一名开豪华私家车过去参加的，此时的我，已经拥有了一家固定资产2000万元的公司了。同学聚会上，我们看见了班主任，尽管他老了，头发都开始白了，但是仍然精神炯熠。他看见了我后，非常开心地笑着，我知道，他还是记得我的。

我赶紧走了上去，他也很小心地从口袋里摸出了一只梨子，看见那只梨子，我仿佛又回到了我的学生时代。

他笑着对我说："冯有才，不错。你果然是我的骄傲，现在，我希望你推陈出新，发展新的优势和资源，展现你最新的能量。"

突然间，我发现他摸出的，竟然是一只苹果梨。

那一刻，我的双眼再次朦胧。

不过一辈子

兄弟二人去拜谒一位传说能预知未来的先哲。在谈及自己的未来时，他们异口同声地问哲人道：

“我们的将来会是什么样子？”

哲人看了他们一眼，低头叹息道：“好人，不过是一辈子。坏人，不过是一辈子。”

听到哲人的这句话，兄弟二人的心久久不能平静。

回去后，想着哲人的那句话，哥哥在做好自己本分事情的同时，还不忘适时地伸出手来，想着别人的难处，去帮助别人。弟弟呢？一事无成自不必说，为了满足自己的那份贪婪的欲望，甚至学会了偷盗抢劫。慢慢地，兄弟俩的名声都在当地响起来了。

暮华之年，兄弟俩再去拜谒哲人。请教哲人，他们为什么会有如此大的变化。哲人抬起了头，问他们道：“还记得当初我告诉你们的那句话吧！”

听到哲人的问话，哥哥先开口道：“大师那次告诉我们说，‘好人，不过一辈子。坏人，不过一辈子。’大师的意思不就是让我们做一个好人吗？反正，做好人也不过是一辈子的时间。一辈子很短，于是我就尽心尽力地去做了。去帮助每一个需要帮助的人。反正我想，我只不过是做一辈子的好人而已。”

接着，弟弟开口道：“大师那天是说了‘好人，不过一辈子。坏人，不过一辈子’这句话的。我想，不过是一辈子的时间，何必活得那么辛苦呢？

人生苦短，不会对我自己的将来有什么改变的。于是，我就尽情地用各种方式与手段满足自己的开心罢了！”

听到这，哲人又问道：“那么，你们的现在呢？”

这时，哥哥神采奕奕地说道：“我很好！大家很崇拜我！很信任我！我活得很开心！”而弟弟，则低头无语。

哲人再问他们道：“那你们猜想一下，你们将来的样子。”

哥哥又先开口说道：“我想，将来我死后，大家一定还是记得我的好处的。就算不这样，至少也是知道有我这么一个好人的。”而弟弟，此时的脸，更是一片通红。

看到这，哲人叹息道：“你们的这番变化，是你们自己在自己的心境里磨炼出来的。这个世界，没有人能够改变你的一生，除了自己的那颗或向善或向恶的心。向善，哪怕是一句简简单单的冰冷之言，在你心里也会是温暖无比、艳阳盖天的。向恶，哪怕是一句繁冗复杂的温和之语，在你的心里，也会是桎梏冰冷的。何况是我的那句毫无含义的‘好人，不过一辈子。坏人，不过一辈子’这句话呢？”

听到这，兄弟二人顿悟。原来，人生活着，真的只不过是一辈子而已。

共同的门

日本新潟县有一个叫妙光寺的寺院，近年来香火非常旺盛，世界各地前往这里朝拜的人络绎不绝。

可就在20年前，这个妙光寺还只是一个非常破陋的无名寺庙。夏天杂草从生，人迹罕至，冬天白雪倾覆，荒凉无比。

这种残败冷落的局面，一直持续了许多年，直到一位僧人来这里主持日常事务，昔日情景才得以彻底地改观。

日本的经济近年来虽然发达，可相应地，彼此的人情却是很淡薄。这位僧人极有悲悯心，也深谙世间疾苦。他知道现代人尤其是那些老人，他们的暮年最大的生活顾虑是什么。

他想，那些没有子女的老人，他们在即将离世的时候，心里肯定会因无亲人照料后事而产生莫名的恐慌。

自从他来到妙光寺后，面对这种破败的场景，他采用以下的招数，来光复妙光寺。

他拿出以前所有募捐所得的钱，用来设立了安稳庙。这个安稳庙，就是专门为那些无儿无女的老夫妻做后事的。所谓“后事”，大致包括如下的几个项目：为老夫妻选定墓地，并终世永存；接受老夫妻的临终嘱托，操办所有人世间的杂务；开发寺院的环境，修得天仙佳境。

他的这个举措果然深受大众欢迎。许多老人相互搀扶、步履蹒跚地来到这里。经过一番仪式和灵魂上的洗礼，他们从妙光寺出来后，眼神中都生发出那种不再顾虑将来的安详与释然。

这种仪式虽是僧侣们精心设计的，但它无疑可以让老人们的恐惧变成安宁，使内心无法倾诉的情感注入对未来的寄托。这种仪式，为老人们打开了一条从世间通往彼岸的途径。

不到20年的时间，先前那个无人问津的破庙，如今却变成了香火大旺、声名远扬的妙光寺。

给别人打开一扇方便之门，其实，也是为自己打开一扇方便之门。

回味你的酒气

4年前，我在莫斯科留学时，周末都要到一家叫“鲟鱼”的酒馆打工。小酒馆位置很好，价格也公道，所以生意一直不错，尤其到了周末，门口的客人都会排起长队。

不过，有一位常客却永远不会排队，她就是60多岁的伊丽娜大妈。每个周末下午5点，酒馆刚营业，伊丽娜大妈就会准时来到“鲟鱼”，坐在靠窗的老地方，再十分小气地点上两盘最便宜的小菜和一小壶低档酒。“先给我杯水，7点再上酒菜！”这样吩咐我后，她便拿出书看起来。

晚上7点正是“鲟鱼”上客的高峰期，客人们都会点上好几壶酒，畅饮一番。与他们相比，伊丽娜大妈显得很另类——酒菜上好后，她会先将酒慢慢倒入杯中，然后一点点品尝菜肴，其间还不时地把酒杯端到面前，却只闻不喝，一副自我陶醉的样子。更要命的是，伊丽娜大妈还故意吃得很慢，往往等她吃完离开时，“鲟鱼”的客人已所剩无几。对此，“鲟鱼”的老板谢尔盖是一肚子火。因为酒馆的利润主要来自酒水，客人喝得越多，谢尔盖赚得就越多，可伊丽娜大妈每次只买一小壶酒，还长时间占着一个好位置。即便如此，谢尔盖也没办法，他总不能赶走伊丽娜大妈。

一天，伊丽娜大妈突然把我叫到跟前说：“你一定很奇怪，一个只点酒却又不喝的老太婆，为什么总来酒馆？”我点了点头，“其实，我来这儿是为了怀念我逝去的丈夫安德烈，他非常爱我。”接着，伊丽娜大妈跟我讲起了她的丈夫，“可能是因为我没能为他生个一儿半女，40岁后我丈夫开始酗酒。我不让他喝，他就谎称晚上加班，偷偷地跑到这儿来喝。然后再一身酒气地回到家，你说瞒得住谁？为了酒，我没少跟他发脾气，可我知道他是心里苦。现在安德烈走了，家里再也闻不到一点酒气了，我倒觉得不自在了，很想念他！”

“我来这儿只是想坐坐，感受一下他生前在这里喝酒的气氛，还有满屋的酒气，便会觉得他从未离开我。”伊丽娜大妈忧伤地说。我不知道该如何安慰大妈，只是后来将故事讲给了谢尔盖听，他就不再抱怨了。

3年后，我学成归国，从此便没了伊丽娜大妈的消息。直到前不久，我出差到莫斯科，顺道去“鲟鱼”看望谢尔盖。他告诉我，伊丽娜大妈在半年前就去世了，并将遗产留给了他，说是弥补给酒馆造成的损失。

“直到办完手续我才知道，伊丽娜大妈的遗产几乎是‘鲟鱼’好几年的收入！她还在遗嘱中说，谢谢我让她一直觉得跟丈夫在一起。”说这话时，谢尔盖一脸的内疚。

最好的成长树

高中时，我所就读的那个班，是一个每次考试在全校都是倒数第一的班级。打架、逃课、上网……总之，违反校纪校规的事情，没有哪一件能少得了我们班的学生。渐渐地，学校对我们开始丧失信心了，最后，完全绝望了。甚至，就连老师全部都换成了刚从大学毕业、没经验的青年教师。在学校看来，让好老师教我们，实在是一种人才浪费。

高三开学的第一天，我们就新换了一个年轻的班主任。一个刚从师范学院毕业的大学生。在上第一节课的时候，他没有上课，只问了我们一个很奇怪的问题——怎么才能让一棵小树苗壮成长为一棵参天大树呢？

“要选择一棵优质的树苗！”

“要经常浇水除虫！”

“要把它栽在户外，让它经历风霜和苦寒的磨砺！”

“要经常照顾它，不让它遭受动物的侵袭！”

在新班主任温和的目光下，大家纷纷抢着发言。看着踊跃回答的大家，新班主任一直沉默着。慢慢地，教室里又开始安静起来了。于是，他又开口道：

“大家刚才的回答都是很不错的。只是，我很想知道，哪一种方法最简便、最行之有效也最实用呢？”

看着班主任的疑问，大家一脸的迷惑——是啊！刚才的那些答案都是比较肤浅的。那么，最有效的方法是哪一种呢？

这时，有学生站了起来，反问班主任道：“那你说说，怎样才能行之有效呢？”

“关键就看你把树栽在哪儿了！”班主任回答道。

听到这，大家一脸的迷惑。这时，班主任又告诉大家道：“每一棵树，都有它的长短之处，或者抗旱而不抗虫，或者抗水而不抗风。我们在栽的时候，为了能让树苗壮成长，其实，最好的做法就是：利用每一棵树的长短之处，为它选择一个非常适宜生长的地方。比如：抗旱而不抗虫的，我们可以把它栽在干旱之处，甚至是沙漠，这样，如此干旱的地方，在生长过程中，是很少会生虫子的，而干旱，又可以成为它生长中的一大优势。”

说到这，教室里一片沉静。班主任停了一会儿，便继续说道：

“其实，班上的每一个学生就是一棵树。关键问题不是谁栽种了你，而是你自己是否选择好了适合自己成长的方式。学校，只不过是你们生长过程中选择的一本参考书，而这本参考书的最大作用，并不是直接引导你的成长，而是让你从这本参考书中参考到一种能适合自己变成一棵大树的成长方式。仅此而已！”

说到这，班上一片沉静。

一年后，我们班的大部分学生以艺术类考生、体育类考生的身份考进了那些平日里连优等生都不敢想象的大学。

“金砖”是如何炼出炉的

1989年10月，德国政府宣布要拆除分裂德国的“二战”产物“柏林墙”，对外公开招标承包拆墙的公司。此消息一出，很快吸引来了众多的竞标公司，其中不乏一些相当知名的大公司，但出人意料，最终中标的却是一个名不见经传的小公司，其负责人叫康拉德·乔恩。

德国政府之所以愿意让乔恩来拆毁柏林墙，是因为在众多竞争的承包公司中，乔恩是唯一一个愿意自掏腰包、免费帮助政府拆墙的。

关于为什么是免费，乔恩的解释是，自己恨透了这道柏林墙，他要为德国的重新统一贡献一个公民应有的力量！而实际上，这并非乔恩完全真实的想法。早在德国政府宣布要拆掉柏林墙之时，乔恩就暗下决心，一定从中为自己大赚一把，但是前提必须是拿到这个拆毁的工程。

如愿以偿后，乔恩开始着手实施自己的计划，如果要请工人来拆毁长达154千米的柏林墙，那么这笔工人的费用将相当巨大，乔恩决定省下这笔工费，请一些“免费的劳动力”来为自己服务。这个免费的劳动力就是德国人——乔恩在德国一家发行量最大的报纸上做了一张广告，其内容是：存在了28年的柏林墙，让全体德国人饱受分裂的耻辱，如果你是位恨透了它的爱国公民，那么现在机会来了，我们邀请你亲手砸毁它！让德国从此重新走向统一，走向永不再分裂的团结！

广告一出，果然吸引了众多德国爱国同胞，他们纷纷来到这堵让他们厌恶已久的柏林墙前，打算动手砸毁它！但问题是，总不能徒手砸它吧，这墙可硬着呢，总得使用个工具吧？好吧，在柏林墙的一边就有砸墙用的铁锤子卖，价格不贵，按照今天的货币换算，一把锤子的价格是15美元，你只要交钱就立即能动手砸墙。当然，卖锤子的人不是别人，正是乔恩。

150多千米的柏林墙，足足吸引了300多万德国人前来，仅卖铁锤这一项的收入就让乔恩赚得几乎不认识回家的路了。

但是，乔恩收入囊中的财富还远不止这些，墙砸毁了，其碎渣总得要清理走吧，虽然清理的费用不是很多，但终归也是要花钱的。于是，乔恩又想出了一个新法子，他又通过报纸传递出这样的一个信息——柏林墙的碎砖片，每片都是一件历史文物，它记录了德国分裂的曾经，值得我们带回家中永久收藏。它会提醒我们时刻不能忘记民族的团结，现在我们为你提供绝版的柏林砖，供你限量永久珍藏。

乔恩再次成功，每块柏林砖的价格是20美元。更离谱的是，全德国居然共有500万个家庭买了乔恩的柏林砖，一块普通的土砖摇身一变成了名副其实的“金砖”！

无独有偶，如果你觉得乔恩的成功纯属偶然，只能发生在外国，那么请再看一则10年后发生在我国的一个类似故事。

1999年，国家要举办50周年国庆大典，天安门广场上原来的18000块天安门砖要全部换新的。一位到北京出差的公务员得知这个消息后，立即找到了天安门广场管委会，表示自己愿意出钱买下这些旧砖（他之前不知道有卖柏林砖这回事）。结果管委会说，不要钱，你只要把它们拉走就行了。这个公务员非常高兴，又请求管委会给他开一个证明，表示这些砖的确是天安门广场砖。

等拿到砖和证明后，这个公务员立即对这些砖展开营销——他首先给国内的许多二三线城市里的学校以及一些偏远的农村学校的校长写信。他在信中写道，由于各种原因，贵校的学生恐怕从来没能亲身站在天安门广场前，看看升旗仪式，有的甚至永远都没有这个机会。但是，没有关系，现在我给你提供一次机会，你只要买一块货真价实的天安门砖铺在学校的操场前，让孩子们在上面站站，这样每天升旗时，孩子们便能感觉到自己真的就站在了首都，站在了天安门前！

一块砖的价格是1999元，特别贫困的学校可凭当地教育部门的证明，给予打折和优惠。这一封封的信让天安门砖一炮而红，买砖的学校接踵而至。据说，现在在网上，一块天安门砖的价格已经炒到5888元了，可谓是天价了！

柏林砖和天安门砖的销售有异曲同工之妙，到底是在卖砖还是在卖智慧？康拉德·乔恩和我国的这位公务员鼓鼓的钱包已经说明了一切！

最后的一课

1926年9月4日，鲁迅先生受聘来到厦门大学教书。鲁迅刚到厦大没不久，就感到厦大所要的人物是：“学者皮而奴才骨。”他决定离开这里。12月31日，鲁迅正式向校方提交辞呈，辞去在厦大的一切职务。

鲁迅先生在学校给自己开的欢送会上，以讲演的形式给学子们上了最后一堂课：

“今天我要离开厦大了，心中感慨万千。今天也不想多说，给同学们讲讲我在厦门亲历的小故事。

“有一天，我出门办事，路过一家颇为讲究的理发厅。我突然想起已有一个多月没有理发了，就走了进去。理发师看到我一副衣衫不屣的样子，冷冰冰地招呼我坐下。三下五除二，胡乱剪了一通，不到十分钟的时间就完事了。

“我站起来照了一下镜子，不怕大家笑话，我的头被整得像一个梯田，还不如没剃时好看呢！我当时什么都没说，随手从口袋里抓了一大把钱给他，走了。

“又过了两个多月，我再次去那家理发厅理发。碰巧上次那位理发师还在。我虽还是上次那身打扮，这回却受到热情的招待。那位理发师又是献茶又是敬烟，给我理发时也格外细心周到。完了，我站起来照了照镜子，认真地对他说了声‘谢谢’，问他该收多少钱。他对我说了具体的数字，我当即照价付钱，不多不少，正好。

“他觉得有点奇怪，问：‘先生，俺上次只给你胡乱对付，你还给那么多的钱，这回俺认认真真替你剪，怎么反没有上回给的多？’我就一本正经地对他说：‘道理很简单！你上次替我胡乱剪，我只能胡乱给；这回你替我认真剪，我当然要认真给了！’”

台下那些学子听了鲁迅先生讲的这个有趣的故事，都忍不住哈哈大笑起来。有的学子还别有用心地大声喊道：“先生，您做得对！对于这些狗眼看人低的无耻之徒，就要用其人之道，还治其人之身。”

听了学子们这番语带双关的喊话，鲁迅先生却正色地说：

“我今天给同学们讲这个故事，并不以战胜一个理发师为能事。我想和大家说的是，一个人在社会上做事，譬如你是个理发师，把别人的头弄成梯田状，这不仅是顾客的灾难，也是自家的不幸。

“既然你已经选定了一种职业，就不能因为服务对象身份的高低，而两样对待。这不是钱多或钱少的问题，而是你是否敬业的问题。一个人的立身处世，从大处讲，国家兴亡，匹夫有责；从小处讲，每个人都能各自扫好门前雪，何愁不是一个朗朗乾坤！

“我们人类之所以能享有今天的现代文明，都是每个敬业的人创造的，是靠踏实做人、做事的敬业精神得来的，而不是靠油滑取巧的小手段和小伎俩。

“那位可爱的理发师胡乱替我剪发，我胡乱给他酬金，这当然有戏谑的成分在内；可当他第二次认真替我剪发时，我当然知道他前倨后恭的原因，但我还是认真地给了他该得的钱，这里面就没有你们所认为的嘲弄成分。我那么做有另一层意思：我尊重一切敬业的人，这世界是他们创造的！

“我还相信，一个人的认真，能唤醒另一个人的认真。我希望同学们能明白，我当时那么做，只是想用自己的方式来唤醒一个过于精明世故的灵魂。对方是否真正感知到了，我还不太清楚。而我今天在这里想对大家说的是：一个人精明是好的，但行事不可太世故。务实与敬业，才是做人、做事的基石。你们不需要记住我今天所讲的这个故事，但希望你们能记住我想表达的意思。”

“拳击手”的规则

这是发生在美国的一个真实故事。

某年的11月下旬，美国的洛杉矶州举行了一场全国性的拳击比赛。在比赛的前一天，一名参赛的职业拳击手驾车时，不小心蹭到了路边的行人。因为性格的原因，加上语言不和，最终，他们动起手来了。战斗的结果出人意料，受伤的竟然是那位职业拳击手。很多人觉得不可思议，甚至认为是那名职业拳击手发扬“谦虚”精神，不以自身优势取胜吧。可事实上并非如此，警方在随后的调查中了解到，两人的打斗中，那名拳击手使出了比赛时的气力和凶猛，尽管如此，他仍然被那名路边行人打败了。

这件事在后来的几周里，成为美国众多媒体的头条新闻，并且引起了轩然大波。许多人不禁要问，职业拳击手怎么会输呢？他到底是输在哪里了？

随着警方调查工作的进一步展开，职业拳击手打斗失利的原因逐渐露出了端倪——比赛的规则直接影响了拳击手的正常思维和水平！包括他平日训练的打斗。要知道，拳击比赛时有这么一条规定，不准打别人裆部，只准使用拳头击打头部、胸部或者腹部，不准使用脚踢踹他人。双方打斗时，那名行人并没有受这个规则的影响，战斗一开始，他就直击职业拳击手的裆部，然后手脚并用，又扯又踹。就这样直直地让拳击手瘫倒在地，不能站立。

当我们用惊异的目光笑着看完这个故事时，我们是不是应该很小心地问问自己：在生活中，自己是否做过与拳击手类似的事情。很多时候，规则不只是影响了我们的思维，更让我们在面对失利时不知所措。规则必须遵守，但是首先你要弄清楚，你所在的环境，你的实际处境，否则，规则就不再是规则，而是我们前进路上的绊脚石了。

做个聪明人，要守规则，而且更应该灵活运用规则的内涵，用正常人的思维，去迎接顺其自然中的胜利。

刺痛的爱

因为在媒体工作的原因，经常会接到一些人的求助。

六一儿童节的前一天，办公室来了一位从农村赶来的老妇人，从她黝黑的皮肤以及那苍老的手，我都能猜想到。

进办公室，坐下，满脸的愁苦，一系列的表情与动作我都很熟悉。她开口告诉我，她的小孙子得病了，是白血病，那是她唯一的依靠，因为在小孩3岁的时候，他的爸爸就在给庄稼打农药时不小心中毒，没救活，死掉了。不久，小孩的妈妈就跟一个湖南佬跑了。现在家里就剩下三口人了——她自己，她的老伴以及她的小孙子。然后，她从布包里摸出了一张照片，一个小孩坐在一棵大树下玩耍的照片，小孩挺可爱的。她说，她怎么也想不到小孩那么小的年龄，竟然会得这种怪病，她说，她希望我们电视台能帮帮她小孙子，让更多的人伸出援助之手。

我无语，只能替这个小孩子可惜。

这时，主任开始发话了。他说道："不是我不给你帮这个忙，第一，我们不好开这个口子，因为这样的情况我们遇到的很多，一旦我们开了这个口子，接下来要找我们寻求帮助的人怎么办？第二，现在有良心的人不会太多，即使做了一期节目，播出去了效果不大又能怎么样？”

我知道主任说的不无道理。毕竟，我也在这个圈子里，我了解这样的情况。

那老妇人一脸的麻木，口中仿佛仍喃喃着。

后来，因为临时有采访，我就出去了。那老妇人仍在那里乞求着，尽管我不在现场，但是我知道，那是无用功。

果然，台里没有为她的小孙子做期节目。采访回来的时候，我已不见那老妇人了，我只看到台里几个很漂亮的女记者，坐在一起讨论有关白血病的话题，一个说：“听说大理石地板对人体有辐射，容易得那病。”另一个赶忙接过来说：“我的妈呀，我家就是用大理石铺的，下个月我就换掉，太可怕了，太可怕了。”

这事我忘记的很快，大约过了一个月，主任和我说起了这事。他说，那个老妇人的小孙子一个礼拜前死了。在他小孙子临死前的一周，他小孙子的小学还为他专门捐了4000元以帮助他治病。谁知这钱还没有派上用场，小孩就死了。然后主任就问我：“你猜那妇女怎么处理这钱了。”我笑着说：“不会是把钱存起来给自己养老了吧。”主任摇了摇头，很沉重地说：不是！是把那4000元捐给另外一个有先天性心脏病，正在抢救的小孩了，尽管她家也是穷得非常厉害。她说，这钱是别人帮助她小孙子的，现在她小孙子死了，这钱留在她身上也没多大意思了。”

走出主任办公室的门，经过上次那几个美女记者办公室的时候，她们又在讨论这话题，这次，他们讨论的是人生苦短，如何去享受有限的人生。听到这，我的心一阵刺痛。

我想，小孩的死，可能与环境污染有关，更多地，是跟我们的心灵污染有关，因为我们在太多的时候，考虑的都是自己。没有为别人想过一次，帮助过半点。人是自私的，比如我们，因为自私，因为想别人的太少，考虑自己的太多，而让这个世界一次次地失去了鲜活，失去了绿色。而那位老妇人，在她独自鼓足勇气走进电视台，为她的小孙子寻求帮助的时候，更多地，却是上辈对下辈的爱，对这个社会大公无私的爱，而这种爱，却是我们永远也不懂得展示的。

回家的时候，我的心仍在隐隐刺痛，在写下这些文字的同时，我就在想，什么时候，我的心能够不痛呢？

冬衣里的怪圈

陪女友逛街，天热得厉害，实在顶不住，便躲到商场去“避暑”了。

商场里很多人都在购买羽绒服、保暖内衣之类的冬衣，因为商场正在促销打折，更多原因，还是人们都认为自己长了颗经济头脑。

看着在一旁发愣的我，女友用力地推了推我：“喂！傻了啊！”

我说：“你看他们个个都那么积极，想不通啊。”

女友说：“这么简单的道理都想不通啊！夏天买冬衣很便宜的，商场有促销，这些人很有经济头脑的。”然后女友嗲了口气对我说：“我也很想买的哦。”

我笑着问女友：“听过苹果的故事吗？从前有个人，买了一篮子苹果，准备留着过年吃，到过年的时候，他发现有几个苹果开始坏了，于是他就面临着一个选择；是先吃坏苹果呢，还是先吃好苹果。这个人觉得苹果坏了一点没关系的，大部分果肉还是可以吃的，于是他就自认为很聪明的选择吃坏苹果了，结果苹果坏的越来越多，于是那个人整个过年期间都是在吃坏苹果中度过的，过完年后，这个人才发现自己的肠胃差了许多。”

女友眨了眨眼。

我指着这些人对女友说：“他们就像那个吃坏苹果的人，夏天买的衣服，到了冬天就会旧很多，其折旧率远远高过了衣服本身打折后的价值，可是他们并没有算过这个账，反而拼命地购买，结果自己不但一直穿的都是旧衣服，甚至在经济账上也是一直吃着亏的。”

女友不说话，使劲地用眼睛盯着我。

很多时候，人总认为自己是一种很聪明的动物，却在愚蠢的怪圈里走了无数次，结果仍然没有摆脱走弯路的命运。而在这走的无数次过程中，他们的脑海里就一直以为自己这是聪明且明智的选择。这个道理，就像在漆黑的夜里，为了找一根掉在地上的火柴一样，为了找寻到那根火柴，结果却划掉了一盒子的火柴……

如果是你，你会选择先吃坏苹果，还是先吃好苹果？

灵魂的救赎

我向来不屑于生活的弱者，因为它如同马戏团里的小丑、路边的乞夫一般卑微可笑，令人同情。

一次偶然的机会，看见了一个年轻的男人，正在路边表演着平衡木马杂技，围观者不时发出阵阵的掌声和喝彩声。他的动作十分娴熟，呼啦一大旋转，呼啦一倒立。虽然是上班时间，围观的人依旧很多。精彩之处，不少人纷纷扔下了零钱。

在我眼里，这个年轻人就像一只猴子，这只平衡木马，也不过是他手中的一面铜锣而已。

忽然，那男人瞪了下双眼，盯着扔钱给他的人，并且愤然地离去。这是我始料未及的。我觉得很奇怪，给他也不要，难道是想哗众取宠，一举成名？

随着他的离去，围观者也纷纷散开了，没有人愿意弯腰捡地上的零钱，或者，那些就根本不是钱，而是他们的施舍和同情。谁会愿意捡起他的那份别人未曾接受的怜悯呢？

倒是乞丐们一哄而上。瞬间，便带着喜悦的面容纷纷离去。我觉得索然寡味。或者，我是不是也有点无聊？竟然站在路边茫然地看着一切。

中午下班的时候，再次看见了这个表演杂技的年轻人，他正坐在一辆特制的三轮摩托车上，就着军用水壶，吃着一份简单的盒饭，一个渺小的人物，在这个繁华喧闹的街道上，显得凄凉孤独，卑微弱小，令人同情。

再后来知道他的消息，是在邻近一个城市的晚报头版头条上。他在那里，依旧坚强地表演着。

他是一个传奇人物，在全国巡回表演平衡木马杂技，走到哪里，便演到哪里，随心所欲，无拘无束。他不在意别人的同情，却在意自己的坚强；他不在意别人的怜悯，却在意自己的执着。而他的一切开销和生活来源，都是他自己先前用汗水挣来的。在报纸上，我还得知了另外一个信息，他原本是一家企业的董事长，因为车祸，他失去了女儿，失去了双腿，失去了永远站立的机会。

他仍然选择了坚强，巡回表演，更多的是，他是想向人们展示出一种顽强的精神和意志。没有双腿，他依旧能跳舞。

我不再相信生活中会有弱者了，那些所谓的弱者，其实，都是我们迷失了自己的人生目标，让光芒和荣耀遮盖住了缺点。这种错觉，也让我们的灵魂变得愈加卑微可笑，永无力量。

真正的强者，没有双腿，依然可以开心地跳舞。

推着轮椅的男人

入冬后的一个周末，我和女友坐了两个小时的车，来到中国佛教四大名山之一的九华山风景区许愿。从山脚到山上，要整整半个小时的车程。

盘山公路比较陡峭，司机很小心地开着车。行驶到半山腰的时候，我看见一个男人正吃力地推着轮椅，艰难地行走着。轮椅上坐着的，是一个身体瘦弱的女人，脸上的皮肤煞白，没有一丝的红润，憔悴得让人一眼就能看出：她正生着病，而且病得不轻。她的双手放在胸前，腿上放着一床旧旧的毛毯，脖子上缠绕着一条深蓝色的围巾，脸上的表情十分沉静虔诚，尽管浑身没有力气，但她忍睁大着眼睛。

推轮椅的男人身体比较瘦小，脚上穿着一双很落伍的解放牌球鞋，身上的衣服很旧，但洗得非常干净。他脸上的表情十分坚毅，目光正视着前方的路面。静静地推着轮椅，缓缓前行。

忽然一个急转弯，轮椅不小心滑倒了，车上的女人，也随之倒在了路旁，轮椅却掉进了路边的排水沟。男人慌张得很，忙去抱起那个女人，把她紧紧地搂在怀里，搂住不放，十分心碎。

我们赶忙让司机把车停下来，准备过去帮他一把。紧跟在我们车后的一辆白色小轿车，却抢在了我们的前面，从车上走下了两个年轻人，他们没有说话，迅速地跳进沟里去抬轮椅。由于进山的车流量比较大，短短的几分钟时间，路面就已经开始堵车了，不到一会儿，白色小轿车后便排起了一百多米的长龙，至少有30多辆车因此受阻。司机们都十分的安静，没有人按喇叭，没有人催着赶路。更让人感动的是：另外一辆商务车上也下来了游客，引导那个男的把怀里的女人抱进了他们的车子里，而原先抬轮椅的小伙子，则将轮椅折叠起来，放在自己的车里，然后发动了车子，在前面开路。

整个过程持续了十几分钟。在这个过程中，大家都没有说话。

那一刻，女朋友忽然紧紧地攥住了我的手。她说，这两个人一定是相爱的夫妻，是丈夫陪着病重的妻子上山“朝圣”的，也许，是她或者他此生最后的心愿。我微笑了一下，没有说什么了。其实，在我的心里也是一直在思考着许多。我不知道他们是不是夫妻，但是有一点我可以肯定，他们信佛，他们是怀着虔诚的心来的，在这虔诚之心的背后，有着深厚的爱意。也许是爱情，也许是亲情，也许是友情。而这爱意的背后，却是人性善良的一面，是男人的坚毅，路人的热情，让这阴沉的天忽然阳光起来。

后来听随车导游介绍说，这是她来九华山风景区做地导的第五个年头，也是唯一一次在盘山公路上遇见堵车的情况，她说：“佛祖会庇护这个世界的所有好人。”

当你看见这样的一幕时，你不会为之动容吗？

爱意决定善良，人性自能温暖。

这是一个需要快乐的年代

车在高速公路上快速地行驶着，看着路边绿色的防护栏、白色的视野线以及灰色的水泥地，感觉自己的生活非常的无聊空闷，瞬间，才发现人类在很多时候为了走捷径，却把自己的生活关在了苍白和无聊之中。

记得小时候上学、放学是我最开心的时候，因为可以买上一毛钱的泡泡糖或果冻，或者是现在已经划到三无产品，只能偷偷在偏远乡下小店卖的果肉果皮食品。还有，和小伙伴们一路蹦蹦跳跳地快乐上学，或快乐回家，那是非常的畅意和让人满足，现在看来，那不单单只是一种享受，更是一种对人生的向往和期待。儿子每天上学在路上的时间很短，也是他最不愿意过的时间，每天他都是校车接送，瞬间，才发现我们的生活什么时候开始变得简单而不美丽了，这一代的小孩生活得很压抑，远远没有我们小时候的那种欢乐，他们每天只能麻木地坐在空调车里，只能看着车窗外不断倒退的人群和高楼，只能闻着汽油味，大家都很落寞。

我是一个怀旧的人，但这一刻我不会承认自己怀旧，因为我没有怀旧，我只是觉得社会进步的同时，也带去了我们生活中的许多乐趣和美丽，只能让我们感觉到生活的苍白和麻木，倘若社会允许的话，我情愿舍弃电脑，舍弃电视机，回到二十年前，回到一个村子的人都集中在村口看电影的年代。

有时候，为了快乐，为了人生的丰富多彩，我情愿生活的节奏慢一点，再慢一点，因为，这是一个需要快乐的年代。

以爱的名义记忆

这是一个故事，但这不仅仅是一个故事。

他出生在异国他乡，为了能让他有一个好的成长和学习环境，他的父母便拼命打工、拼命挣钱。于是在他的记忆里，最清晰的就是每天晚上父母回家后，用那充满了洗涤剂味道的双手，使劲地在他脸上抚摸，只有那个时候，他才能感受到父母的温暖，除此之外，他只能独自地享受房子的空旷了。他知道，父母是有难处的，当饥饿和寂寞相冲突时，我们只能选择如何去生存。他觉得，这并不俗气，至少，在父母那一辈中，能做到的，也只有这些了。他能理解父母的难处，可是，在他的成长经历中，他总觉得少了点什么。于是他在心里暗自承诺着——将来，我一定把我这一辈的爱补充并延伸到我的下一代。

慢慢地，他长大了，并且很争气，不到20岁，就考上了著名的耶鲁大学。然后在一次偶然的机会里，他从政了，并且发达的不可收拾，想象一下，在美国这样一个移民大国，一个外裔能够一帆风顺地在政坛驰骋的，真是凤毛麟角。在他30岁的时候，他参加了美国华盛顿州的州长竞选，在竞选人的名单上，他写下了刚劲有力的三个汉字——骆家辉！于是，他成了第一个在美国竞选州长的华裔。并且，他成功了！

在任华盛顿州长的那几年，他展示出了自己的政坛魅力，展示出了华人的另面风采。大家看见的，是一个朝气蓬勃的年轻州长，可是，没有人会想象得到，这位州长幼年时候是如何的孤独寂寞。

当骆家辉州长任期完成时，许多人认为他要竞选国会的议员，事实上，他也有能力竞选国会议员，并且有相当的把握。可是，他却退缩了，很坚决地退了下来。有人不解以至于百般追问，甚至在最后离职的新闻发布会上，有记者直接问他："你为什么就这么轻易地离职，离开政坛呢？难道你有什么难言之隐？"他笑了，很轻巧地说道：

"州长议员来来往往有许多，但我的孩子却只有一个爸爸。我要好好陪陪家人！"

言毕，座下一片哗然，随之掌声一片。

是的，骆家辉记住了，他也知道，比起州长甚至是国会议员，家人更需要一个好爸爸好丈夫，他也做到了。从他成长时学会记事的那一刻起，他就已经做到了，对爱的承诺。

他，也让我们记住了——世界上经历来来往往的光辉荣耀的有许多人，可孩子的爸爸却只有一个。这不仅仅是故事，是记忆，更是对亲情的承诺。

以爱的名义，让他记住了自己的成长梦想。

以爱的名义，让我记住了他——骆家辉，一个能彻底将爱的名义记忆到底的中华男人。

向阳光敬礼

托尼·杰尔逊是一个住在五楼的男孩。他没有什么很特别的地方，唯一能让人产生的印象，便是他每日趴在窗口看着来来往往的人群，以及经常留给人们的那温暖一笑。

托尼·杰尔逊从小就有一个梦想，就是希望自己能够飞上蓝天。可是，在他5岁的时候，一次意外的小儿麻痹症，让他永远失去了站立的机会，他不得不在这阳光明媚的春天里，每天坐在轮椅上，趴在窗口看着楼下广场上放风筝的孩子们，而此时的他唯一能做到的，就是留在窗口的那羡慕的目光。

不久，他的父母惊奇地发现，一段时间里，杰尔逊不再趴在窗口了，而是自己躲在房间里，似乎在摆弄着什么。他的父母很想知道些什么，可是每次在一开口，都被杰尔逊那阳光的微笑给拒绝了。

再次见到杰尔逊，是他的父母在紧张地送他去医院的路上。他们是在接到邻居匆忙的电话后赶回来的。他们很是奇怪，一向健康的杰尔逊，怎么会受这么重的伤呢？

他的邻居告诉了他们一切：在早晨的阳光下，在空气中弥散着青草气味的小风中，他们惊讶地看到，刚过7岁的杰尔逊正手执自己用报纸糊好的风筝，从五楼的窗口飞了起来。

可怜的杰尔逊，还未送到医院，心脏就已经停止了跳动。

在杰尔逊的葬礼上，全镇的人都赶过来参加了。甚至为镇子服务了一辈子的老镇长、邮递员死后的葬礼，也未有如此多的人参加。在葬礼上，杰尔逊的父母并没有失声痛哭，在他们看来，杰尔逊的那份信念，便是他们不哭的最好理由。

杰尔逊，一个7岁的小男孩，他用自己的身体告诉人们：在这个世界上，只要自己去努力，哪怕梦想再遥远、再艰辛，对于身有缺陷的自己来说，也是成功的。因为，此时的梦想，就不只是他自己的梦想了，而是人们心中一颗即将萌发的种子，一缕温暖如沫的阳光。

生命中的三份瞬间感动

一段时间里，我感觉自己的心里特别痛苦和委屈。大学毕业后工作不到两年，公司里的裁员名单就有了我的名字，和自己相恋四年的女友也突然间离我而去，甚至，就连一向用心深爱着我的母亲，也整天里无缘无故地和我拌上几句嘴。

去九华山风景区散散心，是朋友给我的主意。其实，不用朋友的这番话，我也会出来散散心。因为我知道，若是自己将心灵封闭的太久，自己的生命也会在窒息中慢慢衰竭的。

凌晨四点半的时候，我去山上看日出。在山脚的时候，我遇到了一对恋人，女孩是风景区的导游，因为早晨要带团队看日出，所以女孩不得不早起出发。男孩是来送女孩的，出发的时候，男孩非要往女孩手心里塞手机，说是怕她出了点什么意外，好和她联系。女孩看了男孩一眼，甜甜一笑就接下了手机，然后在男孩的千叮万嘱声中上了山。我奇怪的很，自己白天上山时，手机明明没有信号，怎么女孩……

看着我的一脸疑惑，女孩淡淡一笑，说道："是啊！山上是没有信号，可是，我那个远在外地工作的男朋友是不知道的啊！在他看来，我带了手机，他的心里就会踏实许多，既然这样，那我为什么不带上手机呢？要知道，我带的不仅仅是他的手机，更是他对我的那份饱含执着的爱，以及他那颗沉甸甸的心。"

听到女孩的这番话，我的心一惊。

走到半山腰的时候，在一段蜿蜒迂回的小道上，我与一个正下山买东西的挑山工碰头了。为了照顾他肩膀上的箩筐，于是，我主动地退后几步让他先走了，在他经过我身旁后，很自然地转过头，朝我憨厚地一笑，然后，用不太标准的普通话对我礼貌地说了声："谢谢！"在轻薄的雾气中，在寂静的山涧里，在淡淡的微笑下，在他洁白的牙齿后，那一刻，我的心一震。仿佛间，我感觉他的那声谢谢比珍珠玛瑙更为感人。

到达山顶的小亭子等日出的时候，我看到了一个双腿瘫痪的母亲，正躺在靠椅上很幸福地眯着眼，等着日出，而在她的身旁，她的两个儿子正疲惫地抽着烟，一边很欣慰地看着他们的母亲。我不知道他们母子之间有着什么样的感人故事，但我知道，在这里面有着一种亲情，有着一种足以感动生命的亲情。这亲情，便是人生中最美丽的一道风景线。在儿子的眼里， 正躺在靠椅上盖着棉被眯着眼等日出的母亲，便是一道美丽的风景。而在母亲眼中，与其说日出是最美的风景，倒不如说孩子们在清晨里的那份孝心，是一份感人而扣人心弦的美丽。

太阳终于出来了。看着那红彤彤的太阳。想着刚才眼前的三次瞬间，鼻子里嗅着清新自然的空气，仿佛间，我的心底也热了起来，亮了起来，红了起来，透了起来。

人生如酒自己端

晋安帝隆安二年（398年），陶渊明到江陵，入荆州刺史兼江州刺史桓玄幕。

当时桓玄掌握着长江中上游的军政大权，野心勃勃图谋篡晋。见此情景，陶渊明觉悟到世俗与自己崇尚自然的本性是相违背的，他不能改变本性以适应世俗，再加上对政局的失望，于是坚决地辞官隐居了。

之后，他又出来为官，任彭泽令。之后又再次辞官。辞彭泽令，是陶渊明一生前后两期的分水岭。之前，他不断在官僚与隐士这两种社会角色中做选择，隐居时想出仕，出仕时要归隐，心情很矛盾。此后他坚定了隐居的决心，一直过着隐居躬耕的生活。

他为人清高耿介、洒脱恬淡、质朴率真、淳厚善良。“安贫乐道”是陶渊明的为人准则。他特别推崇颜回、黔娄、袁安、荣启期等安贫乐道的贫士，要像他们那样努力保持品德节操的纯洁，绝不为追求高官厚禄而玷污自己。但他并不鄙视出仕，只是不肯同流合污。

正因为他的隐居生活，可能在许多人的印象中，都认为陶渊明肯定非常醉心于“晨兴理荒秽，带月荷锄归”“采菊东篱下，悠然见南山”的生活，从不去想其他的事情。其实不然，在家教问题上，他也是很务实的。

像天下所有的父亲一样，陶渊明非常喜爱自己的孩子，甚至“夙兴夜寐，愿尔斯才”。长子阿舒出生时，他一口气写了10首诗，以此表达自己的喜悦心情。在这组诗中，他从远古的陶唐氏开始追述显赫的家世，希望儿子能继往开来，再显重光；从妻子开始怀孕时，他就占嘉日、卜良时，算计给儿子取个好名字；待儿子出生时，他也忘了“闲饮东窗”的潇洒，而是忙着用磨石生火，烧水做饭。一句“夙兴夜寐，愿尔斯才”，道出了他对孩子多么殷切的期望啊！

在隐居乡村之后，陶渊明产生了不少生活的烦恼，其中，孩子成长的烦恼则是他最大的烦恼之一。作为一个诗人，他需要拒绝现实；但作为一个父亲，理性告诉他，必须要和现实达成一定的妥协，尽量让孩子学会一些有用的谋生手段和智慧。

陶渊明觉得：自己的归隐成了儿子们成才的致命障碍。在乡村隐居，陶渊明一方面可以像农夫一样自耕自食，另一方面则有高蹈的心灵将他引向精神的彼岸。这种对乡村生活的审美超越和反观能力是他成为田园诗人的重要因素。

但是，他的儿子们却不可能具有这种才能。如果不加以改变，他们将会从肉体到心灵都属于乡村。因为这种与农家子弟毫无二致的生活方式限制了他们的视野，制约了他们精神的成长。

作为父亲的他，对此暗地里进行了自己的计划。一天，他的好朋友颜延之去看他时，发现他却正在忙着为儿子做官的事情而到处写信求人呢！

颜延之非常不解：“你是一个豁达之人，自己都不愿为五斗小米而折腰，如何还会让自己的儿子去做这件事呢，你不是在开玩笑吧？” 陶渊明大笑：“我的确正在为此事到处求人呢，你有办法也不妨替我想想！”

看他这副认真的样子，颜延之不免更加迷惑了："俗话说，有子万事足，无官一身轻。你现在两样都修全了，况且你已经做了多年的官，深知做官就像喝酒，一不留心就会醉倒，你竟然还让自己的孩子再去做这种无谓的牺牲？"

陶渊明正色笑答："不为别的，我本人虽然看破名利二字，那是因为我已经看过了繁华，所以现在我才能够如此淡然！可我儿子还不知道繁华是什么样呢，就让他们这么过一辈子，这对他们是不公正的。所以，我得想尽一切办法为他们补上这一课才行呀！"

人生如酒自己端。生活中某种经历是别人不可替代的，必须要当事人亲自去体验经历才行。一个从没有端起过生活之杯的人，是不可能知道人生这杯酒到底是多少度的。

沙滩上的"教堂"

贫民托马斯在意大利一个叫金色海岸的海滩上向游客兜售各式小商品，虽然托马斯每天都很辛苦，但是收入却不理想。

一天，托马斯偶然听见两位前来度假的游客在交谈，其中一个人说："我必须得尽快回去，这里方圆好几千米内都没有一个教堂，没法每天祈祷。"另一个回应道："是呀，这样下去，主会怪罪于我们的。"

这也难怪，意大利是一个宗教文化浓厚的国家，全国90%以上的人都信仰天主教，其余则分别信仰新教、东正教、伊斯兰教等，信徒成员众多，全国大小城市村镇均有教堂，每天每个虔诚的教徒至少都要到距离自己最近的教堂里祈祷两次。

听到这里，托马斯灵机一动：前来度假的人中一定有众多信徒，如果自己在海滩边建几座教堂，供游客们每天祈祷，自己则从中收取一定的门票，一定能大赚一笔！ 但转念一想，托马斯又泄气了，教堂可不是说建就建的，首先需要场地，这必须要得到意大利土地管理部门的批准，而且更重要的是，即便他们批准了，但建教堂的钱又从哪里来呢？建成一座教堂至少需要几十万欧元的费用。

托马斯再次陷入纠结中。就在此时，眼前好几个拉着气球在沙滩上快乐奔跑的孩子给了他灵感——做几座“充气教堂”！把它们安装在沙滩上，既不需要土地管理部分的审批，又不需要很大的投资。在每个信徒的心中，他们所需要的只不过是一种祈祷的载体而已。

说干就干，托马斯很快便赶到罗马，找到了一家专门为企业做充气彩虹门的公司，要求对方分别做出天主教堂、新教教堂和东正教堂的充气式模型。没过几天，三座充气式仿制“教堂”就伫立在了金色海岸的沙滩上。

这一奇妙的创意引来了众多游客，听说能一边度假休闲，一边也能和在家里一样，每天早上和晚上都能进入“教堂”祈祷，游客们都高兴极了，他们分别进入自己所信仰的“教堂”中祈祷，寻求内心的安宁。

虽然每进入托马斯的“教堂”祈祷一次，需要交纳两欧元（约合人民币17元）作为门票，但几乎没有人觉得收费是不合理的。目前，托马斯的三座充气式“教堂”已经帮他赚得近百万欧元的收入了，他正计划把这种“充气教堂”推广到国外的海滩上去。

给创意充上气，财富就在不远处。没有做不到，只有想不到。

第五辑 一只船的港湾

当暴雨肆虐着大海，当阴霾笼罩着云层，船儿在海面上孤独地飘荡着，也许在下一个瞬间，便会万劫不复。

家、亲人才是那最温暖的港湾，即使风大雨大，你也会安然入睡。

芭蒂的舞鞋

芭蒂8岁那年的生日，她的爸爸妈妈送给了她一双红色的舞鞋。鞋的正面，绣着一朵淡淡的花儿。

当爸爸妈妈买下这双鞋时，芭蒂兴奋不已，可是，令人意想不到的事情发生了——在他们回家的路上，一辆装载集装箱的大卡车偏离行驶轨道，撞上了她爸爸驾驶的小汽车。醒来后的芭蒂才发现，她失去了自己的双脚，也失去了亲爱的爸爸妈妈。

芭蒂很伤心，她的这一切，都是那名卡车司机造成的，所以，当那名司机来医院探望她时，她都不愿说话，只用眼睛狠狠地盯着他——如果不是他，这个时刻，自己一定是穿着那双漂亮的舞鞋，牵着爸爸妈妈的手在开心地跳着舞了。而现在，那双舞鞋只能永远的锁在柜子里。

午后温暖的阳光透过病房的玻璃窗户照了进来，为了晒晒太阳，也为了散散心，芭蒂不熟练地滚动着轮椅，进入了医院的花园。花园里，有一个年龄和她相仿的、身体看上去十分瘦弱的黑人小女孩，正坐在长椅上看书，那个小女孩的家庭条件并不好，因为她穿着简陋，甚至在她的脚上，穿的还是一双逐渐有着细小裂缝的红皮鞋。

小女孩看着她，她也看着小女孩。

“中午好！”那个小女孩先开口说道。

“中午好！”芭蒂也问候了她一句。“你怎么这么瘦，你身体不舒服？”

“是的，我必须待在医院，因为我随时都有可能接受医生的紧急护理和治疗。”小女孩说这话时，显得很轻松。

“那你每天待在这里，不是很无聊吗？你的爸爸妈妈不陪你吗？”

“老实说，是有点无聊，但我爸爸经常来看我。”

“那你妈妈呢？为什么她不来看你？”芭蒂很好奇。

“我并不知道我妈妈是谁，因为我是被现在的爸爸领养的。”

“那你现在的爸爸，不是你的亲爸爸？”

“是的，他是一个白人。”小女孩如实回答道，“我的爸爸是华盛顿州的一名出租车司机，那次带领家人去度假，不幸出了车祸，后来，我现在的爸爸第一个到达现场，是他急急忙忙地把我们送进医院的。只是遗憾的是，只救活了我一人。于是，就领养了我。”说到这里，小女孩显得十分伤心和难过。

听到这里，芭蒂的心怦然心动。

“芭蒂，亲爱的孩子。该回来换药啦！”护理人员正在病房里呼喊她，她赶忙把轮椅推了回去。

换药的时候，她发现那名卡车司机来到了医院，他并没有进病房看她，而是先去亲了亲那名黑人小女孩，黑人小女孩的脸上，一直都是挂满笑容的，后来，他们竟然在院子里唱起了歌，而小女孩，竟然一边唱歌，一边跳舞。

芭蒂这才知道，那名卡车司机，就是黑人小女孩的“爸爸”。看到眼前的这一幕，芭蒂的心忽然一阵颤抖。她想等一下告诉奶奶，把爸爸给她买的那双漂亮的舞鞋拿出来，因为她要送给一个黑人小女孩。

几分钟后，那名卡车司机走进了病房，芭蒂看见他后，先开口道：“中午好，伦次先生。”

当天晚上，芭蒂做了一个好梦，梦见自己穿着舞鞋，和爸爸妈妈在宽敞的舞厅里跳舞。

天使不会被遗忘

刚出监狱大门的那一刻，比尔的心里一阵阵轻松，又一阵阵沉重。从他踏回故乡小镇的那一刻起，他的心里一阵阵愁闷。他不清楚镇子上的人是用什么眼光看他的，但他可以猜想得到。

在他回到小镇后不久，镇子里的教堂就遭盗窃了。那是镇子里唯一的一个教堂，也是一个极具象征意义的教堂。被盗走的，是教堂里的一个金铸十字架，一个有着一百多年历史的十字架。

第二天一早，教堂的周围就围满了镇子里的老老少少，大家气愤不已，纷纷咒骂道：

“这一定又是那个该死的比尔干的好事。”

“是啊！这个该死的比尔！一定又是他不思悔改，他竟还敢盗窃东西，还敢玷污我们的上帝？真是该死！”

“是啊！他真是我们小镇的耻辱啊！我们非要把他赶出去！让他从此从小镇里消失！”

“对！对！”人群里的人不住地响应着。

这时，教父走了出来，他双手合十，虔诚地说道：“上帝啊！救救比尔吧！救救这个可怜的孩子吧！”然后，不住地祈祷着。看着仁慈的教父，大家不住地叹息着。有人感叹道：“要是比尔像教父这样仁慈，那么我们的小镇早已经是上帝掌心的一片天堂了！”接着，大家跟在后面不住地祈祷着，最后，人群逐渐地散去。留下的，只是不住叹息着的教父。

不久后的一个深夜里，小镇警长例行巡逻着。忽然，他发现教堂旁边的一个人影，正缓缓地移动着，他迅速地跑上前去，揪住了那个人影，令他惊奇的是，这个人，竟是断了一条腿的比尔。

随着警哨声的响起，镇子上的人纷纷围了上来。看到被警长抓住的比尔，大家一阵阵叹息。

看着越围越多的人们，比尔一脸愧意地低下了头。这时，教父走了过来，他一把抱住比尔，很慈祥地问道：

"我的孩子，告诉我，这是怎么回事？"

比尔仍低头不语，四周的人群越来越气愤，有人吼道：

"赶走比尔！赶走这个盗窃犯！"

比尔的头压得更低了。

"打死比尔！打死这个玷污上帝的魔鬼！别再让他狡辩了！"

看到这，教父一脸的忧郁。他替比尔问道：

"是上帝让你把它送回来的吗？"

比尔缓缓抬起了头，用劲地"嗯"了一声。接着，教父吻了吻他的额头说道：

"上帝的孩子！告诉我们，这到底是怎么回事？"

比尔坚毅地点了点头，说道："我以前是个盗窃犯，是一个被上帝遗弃的孤儿。因为我知道自己犯过很深的罪恶。所以，我从教堂拿走了十字架，并把它挂在了我的起居室里，每日对着它忏悔，希望能减轻我的罪恶，并能得到上帝的谅解和收容。"

"那你的这条腿又是怎么回事？"人群里有人嚷嚷道。

"昨天，我在起居室祈祷的时候，听到了一个小孩的哭喊声，我伸出头去，看到一匹脱了缰的马正朝小孩冲来，于是我立刻跳出了窗外，抱走了小孩，很不幸，在我跳出窗子的时候，不小心摔伤了腿。不过，幸好我及时地救出了小孩，那小孩依旧平安！”说到这，比尔满脸的欣慰。

“那你现在又是来干什么的？”人群中又有人嚷道。

“我是来送回十字架，送给上帝的，我知道，上帝是属于大家的，而不仅仅是属于我的。只是，我真的很不愿意就这么的被上帝遗弃！”说到这，比尔的双眼噙满了泪水。

这时，教父忙安慰道：“孩子，其实，从你在教堂拿下十字架的那一刻起，上帝早已记起了你，记起了早些日子忘记了的你！知道吗？你现在，也是上帝那么多善良孩子中的一个。”

听到这，人群里一片唏嘘，比尔的双眼也一片模糊。

此刻，小镇依旧平静，只是，在这平静里，还夹杂着天使的笑闹声和上帝那双永远温暖的双手。

爱，从来没有天黑

38岁的福利特有一个幸福的家，妻子苏珊美丽贤惠，10岁的女儿琳达活泼可爱。福利特本人也成熟稳重，在纽约的一家500强企业里任部门主管。不久的将来，他可能会成为公司的副总。

对福利特来说，生活本是这般美好，如果没有那场意外。那天，福利特开着车回家，女儿打电话让他快点回来，因为妈妈做了火鸡大餐，正等着他回来享用。挂上电话，福利特的心中有一种说不出的幸福。

可是，仅仅5分钟后，灾难便降临了——在一个交叉路口，一辆失控的大卡车突然朝福利特的车拦腰冲来，他使尽全身力气，拼命打方向盘，结果车的左侧还是被巨大的冲力撞扁了。一块玻璃碎片不偏不倚地射进福利特的一只眼睛中，顿时血流不止，疼得他晕了过去。

随后，福利特被送到医院。经过治疗，医生还是无比沉重地告诉他的家人，必须将他受伤的眼球整个摘除，因为里面有碎玻璃碴，无法取出。也就是说，福利特从此会变成一个“独眼龙”。但为了安慰妻子和女儿，福利特还是故作轻松地说：“多好呀，一只眼更聚光！”

可当手术成功，福利特逐渐康复，准备回公司上班时，却被告知他已被辞退了。理由是他的形象有问题。这个打击对他来说，比摘除眼球更沉重。他感到无比失落，觉得自己真的成了一个废人。此后，福利特整天把自己关在屋子里，谁也不见。

更糟糕的是，一年后，福利特的另一只眼睛也受到感染，视力变得越来越差，恶化到4米之外的东西都看不清了。医生说，他很快就会完全失明。福利特彻底绝望了，消极情绪变本加厉地朝他涌来。

听到这个消息，妻子苏珊特别悲伤，但还是努力地控制情绪，想尽办法来安慰福利特。有一天，苏珊突然请来了一名油漆工，要把家里的客厅粉刷一遍。说是想换个新环境，好让福利特的心情舒畅些。

油漆工整整干了20天，每天干活时都唱个不停，快乐无比。当然，油漆工知道家里还有一个躲在房间里不出门的福利特。

粉刷结束时，油漆工敲开了福利特的房门，说：“对不起，我干得很慢，让您久等了。”福利特说：“没事，看您天天都那么开心，我也感到高兴。”

结工钱的时候，油漆工少收了100美元，福利特提醒道：“您少收了钱，这100美元是您应该得的。”油漆工笑着回答道：“我没少收，一个即将失明的人，还能这么平静地忍耐我糟糕的歌喉，您让我学到了什么叫宽容和忍让，100美元是我交的学费。”

但福利特最终还是把100美元给了油漆工，福利特说："您也让我知道了一个真相，那就是，原来身体残缺的人，心灵却可以完全不残缺，他们照样也可以快乐地自食其力，活出自己的精彩，我也要这样。"

原来，油漆工是个只有一只手的残疾人，是苏珊和女儿在报纸上连续发布了一个月的"招工"启事特意请来的。

这时，躲在一旁的苏珊和女儿，眼里已噙满泪花。她们知道这次刻意的安排有了效果，也深信作为丈夫和父亲的福利特从这一刻起，已经重新站起来了。

噩运从来都没我们想象的那么可怕，只要上天还没拿走我们的生命，只要爱我们的人还在身边，我们就应心怀感激，为爱我们的人，扬起生活的风帆！

爱，一直都在

看到小狗"吉米"被丈夫普雷曼带回家时，苏莎几乎被吓得大叫起来——这是怎样一条小狗呀，骨瘦如柴，没多少毛，更要命的是它还满身是疮。"我们家不是动物救助站！"苏莎对丈夫大声地吼道，要求普雷曼马上将吉米丢掉。

但是，普雷曼没这么做，他对怀中的吉米说："哦，女主人的情绪好像有点不大好，不过没关系，我们去仓库吧，那里虽然有点乱，但很温暖。"接着，普雷曼从药箱里取了药，带着吉米去了仓库，一直忙到很晚才回来。

半个月后，吉米竟然好了，样子也比之前好看了。但苏莎依旧不同意它住进家里，普雷曼也没为此和苏莎争吵，只是每天按时去仓库给吉米送吃的。

吉米在仓库里住到1年半时，普雷曼却突然因癌症去世了。苏莎成了真正的孤家寡人——20多年前，她的两个儿子就因车祸离开了她，现在丈夫也永远地离她而去了。

当晚，悲痛的苏莎无法入睡。于是，她来到了仓库。门一开，吉米便立即朝她跑过来，围着她一直打转，还发出低沉的叫声，像是在哭泣。苏莎心一软，将吉米抱在怀中，“跟我一起回家去吧，普雷曼再也不会给你送食添水了，这样下去，你会死的。”苏莎第一次发现吉米很可怜，和自己一样。此后，吉米也就成了苏莎的一个伴儿。

3年后的一个清晨，吉米身边多了4个毛茸茸的“小球”——它做母亲了！苏莎的生活也变得更加忙碌和快乐。

这天，苏莎带着吉米和它的孩子们去散步。在路边，她看到了一个宠物诊所，苏莎进去准备给吉米买点日常用药。没想到，诊所的女医生一下子就认出了吉米，她对苏莎说：“真羡慕你，你丈夫那么爱你，为了不让你感到寂寞，他把离世后的一切都安排好了！”苏莎不明白女医生的意思，忙问她怎么回事。

“难道你不知道吗，吉米是你丈夫几年前从我这领走的。那天，他悲伤地进来跟我说：‘能卖一只小母狗给我吗？’你知道宠物诊所是不卖狗的，但巧的是，那天诊所刚好有一只被主人遗弃的小狗，就是吉米。主人觉得它病得很重，于是就抛弃了它。不过，当时吉米是生了重病，我都不知道能不能救活它！”女医生说。

“可你丈夫还是一个劲儿地恳求我。他说，他是个癌症患者，很快要死了，但这事一直瞒着妻子。他要让小狗和它的孩子们在他死后好好陪着他妻子，那样她就不会孤单了。我才同意你丈夫带走吉米。”女医生耸了耸肩。

已经好几年没流泪的苏莎失控了，她的泪水一下子涌出来——原来丈夫不顾她的反对，收留吉米，都是为了她，他将此隐藏得比癌症还要严密……

4年后，吉米也走了，但苏莎并不孤单，因为那4个小家伙继续替吉米，不，是替丈夫，陪着她。

是的，一切尽在爱的掌握中，丈夫早就策划好了这一切。

傻傻等，傻傻爱

年轻的时候，他们彼此喜欢，但他是个穷篾匠，拿不出彩礼娶她，她被父母逼着嫁给了村里的一个矿工。

她是个守妇道的女子，既然嫁了便要一心一意地过日子，对他也不再有念想。丈夫在几里地外的一个矿井打工，她每天下地干活，中午还要去送饭。

有时，丈夫晚上要加班，她就摸黑去送饭。夜路很黑，可没人敢欺负她，因为每次他都默默地跟在后面，为她保驾护航，也因此招来不少闲话。

她跟矿工一直没孩子，于是便抱养了一个。谁知，儿子十几岁时，丈夫却下井再没上来。更让她伤心的是，儿子知道了自己的身世，去找亲娘了。她50来岁又成了一个人，而他也一直没成家。

一天，她从梯子上摔了下来，医生以为只是点皮肉伤，没给她做脑部扫描。结果，她的记忆力越来越差，后来被检查出患上了“老年痴呆症”。

她几乎没有了记忆，吃饭时会忘了拿筷子，上厕所不记得要先脱裤子……刚做的事情，转身就不记得了。袜子、衣服更是常常穿反，引得村里人常常嘲笑她。他疼在心里，但又不能时时去照顾，因为他们毕竟只是邻居。

一天，村主任将她送到县城的老人院，由专人照顾。他知道了，第二天硬要把她接回来，说不忍心看她孤单失落的样子。

老人院的人不让他接，说除非他们有亲属关系。他问：“如果我是她丈夫行吗？”对方说：“那当然行。”于是，他真的领她去登记结婚了。她问：“你是哪个呀？”他答：“我是你丈夫，你的家人，来领你回家。”

外人都说他疯了，自讨苦吃。他却说：“这样，我就可以名正言顺地照顾她，再也没人说闲话了。”自那以后，他给她穿衣、喂饭，甚至卧床不起时，为她端屎把尿。

当然，他要更卖力地编竹筐卖钱，因为每个月要支付高额的医药费——他几十年攒下来的存款也花得差不多了。

偶尔，他们也会说些“小情话”——“干吗不去编竹筐？”她像一个孩子一样责问着刚刚躺下歇会儿的他。“我在偷懒呢！”他答。“不许偷懒，起来干活！”“好，好，这就起来！”他们像是一对初恋的情人。

为了防止她走丢，他24小时都在她身边。外人不理解：“干吗对她好？人家娶的是‘老来伴’，你却弄来个‘老来绊’，会拖垮你的！”他呵呵一笑：“重要的是我能天天看着她，哪怕她什么也不知道。能和喜欢的人在一起，真好。这定是上天在可怜我，才派她来的。”

别人更不解：“既然你一直都喜欢她，为什么不在她死了丈夫，记忆正常的时候娶她？”他说：“喜欢不一定就非要娶她，如果那时就娶她，那我就是心怀不轨，早有预谋了，而我现在娶她，就是为了照顾她！在我眼中，她跟正常人没什么两样，只不过是记性差点罢了，这正好可以让她忘记过去的不幸，快乐地过完下半生。”他满足地说。

上帝留的那扇窗

2007年9月15日，央视《星光大道》的舞台上前所未有过地出现了一位才华横溢的盲人表演者——杨光。

那天的星光舞台因为有了他而更加熠熠生辉。他，就是那一期“星光大道”当之无愧的周冠军，也是哈尔滨市土生土长的传奇小子——杨光。

杨光的模仿能力超强，他模仿单田芳、马三立等明星惟妙惟肖，爆笑全场。

他的音乐天赋更使其他选手望尘莫及。他是一位很好的键盘手，竖琴吹得也相当不错，能自己独立创作歌曲而且非常好听。

但就是这样一位才华横溢的选手，在襁褓中嗷嗷待哺的时候就走进了黑暗的世界里。他的脑海里根本就没有关于这个世界的任何影像记忆，直到现在，他的头脑里仍没有任何颜色的概念。

杨光7岁那年，父母把他送到哈市的盲人学校，让他接受正规的教育。1998年，杨光得到北京某残疾人艺术团招考的消息，便打算试一试。才华出众的他果然不孚众望，顺利地考取了该艺术团，成了一名独唱演员。

该艺术团的条件很艰苦。可一向乐观开朗的杨光，他的为人，一如他的名字。他的眼睛虽看不见，可他心中有阳光。他一边在这里演出，一边寻找成就理想的机会。

一次，他听说当地一家电台有个新人新歌推广活动，就决定去试试。他同时向团里提出辞职。虽然团长极力挽留，杨光还是坚定地离开了已经生活了两年的残疾人艺术团。

对自己一直很自信的杨光，为了生计不得不到酒吧等场所唱歌。可他却屡屡被酒吧老板们拒之门外。因为有的老板觉得请一个盲人歌手来，会有损餐厅或者酒吧的形象。

在朋友的帮助下，杨光终于得到了在一些酒吧和餐厅表演的机会。他收放自如的演唱，常常赢得满堂的喝彩。渐渐地，杨光在这个圈子里有了些名气，不少酒吧找他去唱歌，他变得越来越忙碌起来……

一天，他突然萌发了一个想法，他想为辛劳多年的妈妈创作一首歌。很快，一首发自内心歌颂母爱的歌《家里还有一个人在等你》便出炉了。在一次演出中杨光把这首歌呈现给了现场观众，令很多人潸然泪下。

也就在这时，杨光的出色表现吸引了一位音乐制作人的注意。这位音乐制作人被他的才气所折服，被他的人生态度所感动。

在这位音乐制作人的策划下，杨光的歌曲《家里还有一个人在等你》，在网络上迅速走红。这首歌就像一块试金石，检验出了杨光原创音乐的魅力。

从此杨光也找到了自己的路。自己创作，自己演唱，自己弹奏，用最真实的情感去演绎每一首歌曲。

2007年9月，在妈妈和朋友们的鼓励下，杨光登上了《星光大道》的舞台。杨光在星光大道上一路过关斩将，周冠军、月冠军、年度分站赛冠军，并最终迈上了年度总冠军的宝座。

现在的杨光，已是中国艺坛上一位炙人可热的人物。

上帝是无情的，也是仁慈的。他对人关上一扇门，同时也会给人留下一扇窗。只是这扇窗，上帝从不会主动告诉人在哪里，得让你自己去找。只有不言放弃的人，才能找到这扇窗。

爱是不放弃的找寻

“云儿，云儿，像朵花，开在天上笑哈哈；云儿，云儿，像妈妈，一朵一朵爱心大……”这是年轻的巴西妈妈苏珊写给女儿露菲的儿歌。每当母女俩独处时，她们都会唱起这首歌。

可就在距露菲3岁生日还有17天的时候，歌声戛然而止——因为保姆失职，露菲在外出途中被人抱走了！苏珊疯狂地寻找女儿，贴寻人启事、登报、找电视台……所有能想到的办法都试了，但依然毫无线索。

家人劝苏珊趁年轻再生一个，她坚决不同意。“如果我有了第二个孩子，便会慢慢淡忘露菲，那样她就更可怜了。我相信露菲跟我一样，也一定在寻找妈妈。”

第二年、第三年过去了，依然没有露菲的消息。一天，在里约的一个地下通道，苏珊忽然发现地上蹲着一个小乞丐，这孩子穿着一件破旧的粗布开衫，流着鼻涕，一边玩一边唱：“云儿，云儿，像朵花，开在天上笑哈哈……”

瞬间，苏珊激动得几乎要窒息了——难道她就是我的宝贝露菲？但很快，苏珊发现眼前的乞丐是个男孩。

“能告诉我你的名字和这首歌的来历吗？”苏珊努力控制着情绪。

“叫我麦基卡吧，我们‘丐帮’的孩子都会唱，我也不知道是谁先开始唱的。”男孩漫不经心地回答。

“你能带我去你们‘丐帮’看看吗？”苏珊绝不会放过这个线索。

“不行，我们可不敢带陌生人回去，否则就会被罚站，没有饭吃！”苏珊没有继续勉强麦基卡，她知道这孩子说的是真话。里约有很多小乞丐，控制他们的“老板”都相当凶。

苏珊决定暗地里跟着他。晚上9点，在麦基卡的引领下，苏珊来到了一处贫民窟。麦基卡所说的“丐帮”一共有7个差不多大的孩子，其中3个是女孩。等到屋内的灯光都熄灭了，苏珊悄悄潜入屋内，偷偷剪下女孩们的一小绺头发。很快，DNA鉴定结果出来了：没有一个和苏珊的吻合。

苏珊不死心，几天后，她又重新潜入贫民窟。这次，她惊喜地发现还有一个叫米隆尔的女孩上次没见到，长得像极了记忆中的女儿。米隆尔熟睡后，苏珊也悄悄剪了几根她的头发。

鉴定结果出来了，米隆尔跟苏珊DNA的相似程度达99.99%——她正是苏珊走失已久的女儿！之后，苏珊拨通了警察局的电话……

“妈妈，我终于找到您了！”得救后的露菲扑进苏珊怀中，母女俩泪如雨下。

原来，小露菲日夜思念着妈妈。她不知道家在哪里，也不知道怎样才能逃走。于是，她想到一个办法，教身边的小伙伴唱“云儿，云儿，像朵花……”她觉得唱这首歌的人越多，妈妈听到它的概率就越大。

爱是人海中彼此不放弃的找寻。

西街区的那片灯光

整个晚上，蒙特房子里的灯都是亮的。

蒙特的房子位于美国纽约州西街区附近，那里居住的是一群家庭收入不是很好的人，并且以黑人居多，蒙特就是其中的一个。

某天晚上12点左右的时候，蒙特唯一的儿子安诺斯特突然高烧不止，蒙特担心儿子的身体，连夜将安诺斯特送到了州中心医院，由于走得很匆匆，以至于灯都忘记关了。在今年，这是第七次发生这样的事情了，几乎每个月都有一次，蒙特的大部分收入，都花费在安诺斯特的身体上，以致他没有钱讨老婆了。

安诺斯特是一个12岁的白人男孩，却有着一个黑人父亲，对于懂得医学知识的医生们来说，这并不奇怪。这个世界，什么样的事情都有可能发生。

第二天早晨，当蒙特赶到公交公司的时候，正好离他上班时间差两分钟。虽然体质健壮，由于一宿没有睡觉，蒙特脸上仍挂满了疲劳，他得开完上午4个小时的公交车后才能回家休息。这样的情况下，他一直都很小心翼翼。

过一个十字路口时，由于绿灯亮了，而他车前仍有一个乘客，准确地说，是一名孕妇，十分缓慢地行走，不自觉间，蒙特按了一下喇叭，恰恰就是这声喇叭，让蒙特陷入了困境。

孕妇听到喇叭，突然昏厥过去。蒙特和路人都大吃一惊，赶忙把她送进了医院。医生把孕妇全身做了一遍检查，并确认无碍后，蒙特这才松了一口气。医生告诉蒙特，由于孕妇是高龄怀孕，心理压力特别大，加上在十字路口，蒙特的一声喇叭让她特别紧张，所以才昏厥过去。

大家都松了一口气。没有想到的是，几天后，蒙特却收到了州法院邮寄来的传票，孕妇的家人将公交公司和蒙特分别告上了法庭。蒙特这才慌了神，公交公司自然有法律顾问，可蒙特呢？法院给他指定了一个很漫不经心的律师。对此，蒙特的心情糟糕透了。

开庭那天，儿子安诺斯特也来了。法庭之上，孕妇的代理律师和公交公司的法律顾问展开了舌战，最后，把罪责竟然推到了蒙特身上，这下让蒙特不知所措了。

在陪审团审议前的几分钟，蒙特的儿子安诺斯特忽然走上法庭，沉重地说道：“孕妇是一个很不负责任的母亲，因为她原本就有遗传病，无论从医学，还是伦理上，原本就不该也不能怀孕，她这是对下一代的极不负责任。如果她懂得这些，就不会怀孕，更不会发生这些事情了。事情的根源，本身就在孕妇身上。”

安诺斯特的话让众人大吃一惊。陪审团的人对这个问题非常感兴趣，他们经过合议后一致认为，如果被告方律师能够证明这一点，那么无疑是对自己的最好辩解。更让他们感兴趣的是，这名白人小男孩，为什么有一个黑人爸爸，为什么知道的这么多。

阿诺斯特用深深的眼神，看着孕妇说道：“因为我也是她的儿子，是她在我5岁的时候抛弃了我，把我扔在了路边。她是一个不称职的母亲。蒙特，是我的养父。”说到这，安诺斯特双眼通红。

法庭一片寂静。只能断断续续地听见安诺斯特小声在抽泣。

陪审团经过讨论，最后让公交公司赔付了住院费和医疗费。对于蒙特，他们只字未提。

安诺斯特紧紧地牵着蒙特的手，朝西街区走去，那里，才有他最温暖的房子，最充满爱意的家。

夜深，西街区一片灯火阑珊。

西伯利亚的温暖

卡尔是一名政治犯，被发配到西伯利亚的时候，正值12月，天寒地冻。

而后，卡尔被分配到了林场，成了一名伐木工人，每天有从后方来的火车，将他们砍伐的木材成车成车地运回内地，运到莫斯科，运到基辅。造飞机需要木材，修铁路需要木材，对于沙皇而言，除了金银矿产和宝石，没有什么比木材更适用的东西了。所以，沙皇命令这些犯人拼命地砍伐木材，以备所需。为此，冬宫还专门派了一个名叫托可可夫斯基的监工。监工还带来了他的妻儿，看样子是要长期在这里居住。

托可可夫斯基是一名很严厉的监工，工人们都非常恨他。如果每个人每天完成不了定额任务，不但没有面包吃，甚至还会用皮鞭把你抽得遍体鳞伤。当然，倘若超出了任务，就会得到半瓶伏特加作为奖赏，超出部分的木材，托可可夫斯基将他们囤积在一个仓库，并不急着马上运回莫斯科。

2月的某一天，因为第四班组的一名伐木工人生病了，整个班组没有完成定额任务，托可可夫斯基把整个班组的人饿了一整天，而那名生病的伐木工人，被托可可夫斯基喊出去以后，就再也没有回来，大家都知道：那名可怜的正在生病的工人，一定是被可恶的监工托可可夫斯基遗弃了或者处决了。

看到这样的一幕，卡尔觉得一阵阵心寒，既替那名伐木工人感到可怜，更为自己感到可悲，什么时候，这样的日子才是一个尽头啊？为了生存，为了能回到城里，他必须好好地活下来，因为那里还有他的亲人。

然而，不幸的事仍不断发生，有一次，卡尔把木材抬上火车的时候，不小心滑了下来，木材从车厢里滚落，砸到了一名沙皇士兵。看到卡尔的失误，托可可夫斯基顿时火了，他拿起了皮鞭，使劲地抽打着卡尔，看着正在流鼻血的沙皇士兵，托可可夫斯基用皮鞭抽打卡尔仍不解恨，于是随手拿了一个木棒，朝卡尔的腿上砸去，卡尔能清楚地感觉到骨头脆裂的声音，随后，其他几名工友把受伤昏迷的卡尔抬回了小木屋。

因为没有医生，加上天气恶劣，卡尔的腿恢复得很慢，3个月后才能下地走路，但是由于骨头没有接好，卡尔的腿有点瘸。他每走一步，都会对托可可夫斯基的仇恨加深一分。

1918年的时候，战争即将结束的消息不知从哪里传来了，大家都在心底暗地的高兴着，希望能早点结束这样的鬼日子。这个时候的托可可夫斯基，似乎也意识到了什么，对大家的态度也开始收敛起来。但是，大家对他的仇恨并没有因此而改变。

忽然有一天早上，卡尔被一阵哭声惊醒，那是从托可可夫斯基暖和的小屋传来的，卡尔赶忙跑过去，只见在小屋里，满头是血的托可可夫斯基躺在床上，看样子是受了很严重的伤。卡尔赶忙走进了屋内，托可可夫斯基努力睁开了眼，看见卡尔后，从枕头底下摸出了一个日记本放在了卡尔的手上，然后吃力地对卡尔说："你是这里唯一的政治犯，知识最深，你会懂得的。"

卡尔接过日记本，托可可夫斯基便闭上了眼睛。卡尔迅速把日记本放进了衣服里，闻声而来的工友也跑进了木屋。托可可夫斯基的妻子哭泣着告诉他们：凌晨的时候，托可可夫斯基出门小便，天快亮的时候，她发现丈夫还没有回来，于是马上去找，结果刚出门，就看见了躺在门口的，血迹斑斑的丈夫。她知道，丈夫是因为仇恨被人打伤的，凶手一定是这一千多名工人中的某一员。

卡尔和工友们埋葬了托可可夫斯基，下一步怎么做，大家都很茫然，虽然谣传战争要结束了。可是并没有明确的消息，他们将何去何从？

卡尔小心地翻开日记本，里面是托可可夫斯基每天的日记。读完日记，卡尔的心一阵阵刺痛。

如果不是托可可夫斯基，那名生病的伐木工人一定死了，因为托可可夫斯基知道他是患了肺炎后，用装卸木材的火车把他送到了城里医治。

如果不是托可可夫斯基，卡尔的性命一定没了。因为托可可夫斯基在那一刻，看见了好几名子弹已经推上枪膛，准备枪杀卡尔的士兵。

如果不是托可可夫斯基，这一千多伐木工人的性命一定没了，因为第一次世界大战已经结束，冬宫在几天前就下了命令要处决这一千多名伐木工人，一股小部队已经在开来的途中。

如果托可可夫斯基不死，这里就不会混乱，工人们也就没有办法趁乱逃走。再不逃走，工人们面临的只有死亡。

除了卡尔自己之外，没有人知道托可可夫斯基是自杀的，是故意用头部撞击木材的。卡尔把战争结束的消息告诉了大家，工人们一阵沸腾，欢呼雀跃，瞬间便冲破了伐木场看守士兵的警戒，跑进了丛林深处。

卡尔并没有跑，而是走进了托可可夫斯基的小屋，他知道，从他得到日记本的那一刻起，他就应该为这对可怜的母子承担起责任。

由于没有了工人，到来的士兵们也就没有采取措施了，都纷纷离开了。几天前还是拥有一千多人的伐木场，变得十分空旷和冷清。卡尔把事实的真相告诉了托可可夫斯基的妻子和儿子，听到卡尔的这话，这对可怜的母子什么都没有说，只是一个劲地哭。

后来，陆陆续续地又回来了几十个工人，卡尔把托可可夫斯基的日记本给他们传阅，他们什么都没有说，都选择了留下，并且是把他们各自的家人一起接来的，在原林场基础上，新建了许多小屋，建筑小屋所用的木材，都是托可可夫斯基提前囤积的，这一切，似乎都是在托可可夫斯基的预料之中。

今天的西伯利亚依旧还是那么的寒冷。尽管少了许多伐木工人劳动的场面，但仍有一个温暖的小村落，村子的名字叫做托可可夫斯基村，村民们是那些伐木工人的后代，村子中还有一本族谱——那是托可可夫斯基的日记本。日记本的扉页，是卡尔临终前一年写的一句话：

只要有爱，再冷的地方，也会有温暖的时刻！

最后的父爱

意大利少年塔奇托生活在一个单亲家庭。很小的时候，妈妈就生病去世了。他和父亲相依为命，生活在罗马北部的一个小镇上。父亲是一名工人，家里生活虽不富裕，但父子俩过得很开心。

2009年的一天，一场突如其来的地震打破了他们的平静生活。当时，塔奇托正在书房温习功课，父亲在客厅收拾东西。刹那间，房屋开始剧烈晃动并下沉，他也随之昏了过去。当他醒来时，周围已是一片死寂般的黑暗，到处是瓦砾和灰尘。塔奇托害怕极了，正惊慌时，听见有人叫他："儿子，你还好吗？是爸爸，就在你隔壁！""我很好，只是头有点晕，什么也看不清，而且身上很疼，想睡觉。"塔奇托答道。父亲接着说："听着儿子，从现在开始，你要保持清醒，爸爸正用手机跟外面联系，救援人员很快就会来的！""好的，有你在，我感觉好多了。"此后，爸爸开始跟塔奇托不停地说话，问他各种问题，不想让他睡过去。

不知过了多久，塔奇托听到爸爸说："刚才地震时，我的耳朵被砖头砸了，现在听不太清楚，如果我没回答你，就是没听到。我也想保存些体力，不再说话了。我给你鼓掌怎么样？这样既轻松又省力。只要你听到掌声，就知道爸爸在你身边。”“好吧，可爸爸你千万别停呀，我好害怕！”塔奇托担心地说。“不会的，爸爸只受了点小伤，能等到救援人员来。他们已接到我的求救电话，正在赶来的路上，只是道路破坏有些严重，来得有点慢。”爸爸安抚道。“嗯，我能坚持到他们来！”塔奇托回应。此后，在黑暗中不断传来“啪、啪、啪”的掌声，塔奇托有好几次想睡去，但在掌声中还是挣扎着睁开了眼睛。

大概是第二天早晨，塔奇托眼前突然出现了亮光——救援人员终于到了。当被救出时，塔奇托虚弱地说：“我爸爸呢？他就在我的隔壁。”这时，救援人员听见了从废墟中传来的掌声，寻着声音很快找到了目标。但他们看到的却是一具冰冷的尸体——塔奇托的爸爸因失血过多已经去世了。在他身旁，放着一个快要没电的手机，那阵阵掌声正是通过它传出的。其实，地震的强烈破坏早已切断了通信网络，根本无法和外界联系。

“你们一定搞错了，爸爸不可能死，他一直都在给我鼓掌，我听得很清楚！”塔奇托哭喊着，直到救援人员将手机拿到他面前，他才相信了这一切。原来，爸爸知道将无法撑太久，怕他死后塔奇托坚持不下去，所以用手机录下掌声，在临死前，打开手机外放，按下反复重播键……

为你洗澡

1984年12月，在安庆怀宁乡下的老屋里，我甜美地睡在摇床里，那时我刚好4个月。

那年冬天格外的寒冷。持续好几个星期的雨雪，和着凛冽的北风，几近刺骨。父亲参加完外婆的葬礼后便急忙往家里赶。父亲是在36岁才有了我的，所以对我便格外的疼爱，甚至于超越了自己的生命。

往日里父亲一回到家，便用粗糙的双手抱起我，然后亲我的脸蛋，抱着我在房子里到处转悠。这次回家，父亲顾不上换去湿透的衣服，便到摇床边要抱我，他的这一突然举措，惊醒了睡梦中的我，紧接着，我便号啕大哭起来。

看到这一幕，父亲内疚起来，他站在旁边小心地搓着双手，像一个做错事的孩子。一会儿，也就一会儿的时间，他跑进了厨房里，拿起了一个澡盆，拎了一桶的水，跑进了侧卧的小房间，迅速地洗了个冷水头，冲了一个冷水澡，然后哆嗦着换上衣服，再跑出来抱起我。

慈爱的父亲，为了不让丧事上的"晦气"吓到我，宁肯在寒冷的冬天，洗一个冷水澡，用干净的身体来温暖我。

28年后，也就是2011年的5月4号。我参加完妻子家里一位长辈的"白喜事"后，赶回到家里，儿子在摇床里睡着，我轻声地走进卫生间，洗了一个热水澡，然后静静地抱着儿子，享受着那幸福的一刻。

我并不知道父亲28年前的举措。在自己洗完澡，抱着儿子打电话回家时，电话那头母亲用和蔼的声音告诉我的。

那一刻，我怔住了。

也许二十多年后，儿子也会有同样的举动，因为那是爱的姿势，因为那是爱的表达。看着睡梦中的儿子，我幸福地遐想着。

隐藏在步伐里的父爱

很小的时候，鲁尔便发现父亲走路时的样子与别人不同，总是一脚高一脚低，两条腿似乎不一样长。但父亲依旧是鲁尔的骄傲和榜样。他是一名技术人员，有不少科技发明。

鲁尔上中学时，学校里开设了体育课。有很多项目，鲁尔都做不好。一次，在走平衡木时，其他同学都轻而易举地走过去了，鲁尔却始终不行，接连几次从平衡木上掉下来。

鲁尔难过极了。父亲知道后对他说："对不起，都是爸爸的错，这是家族遗传，你爷爷、爸爸在平衡能力上都存在天生缺陷。"

"家族遗传？"鲁尔惊讶地看着父亲。"是的，不信你看我。"说着，父亲将一条长凳移到了鲁尔面前，然后站到上面开始走，刚走两步便掉了下来。

"这可比我们学校的平衡木宽多了！"鲁尔觉得自己比父亲要棒。"是的，跟爷爷、爸爸相比，你已进步很多。我明天就去学校跟体育老师解释。"

第二天，鲁尔经过操场时，意外听到体育老师在和另一位老师谈论自己："鲁尔小时候曾是个脑瘫儿。""您可别瞎说，脑瘫儿是智力低下的代名词。""是他父亲亲口告诉我的……"

脑瘫儿？智力低下？鲁尔无法相信，他疯狂地跑回家向父亲求证。

"爸爸本来想隐瞒这一切，现在看来没有必要了。"父亲平静地说道，"不错，你小时候的确得过脑瘫，但只是轻度的，比爸爸小时候好多了。"

"难道又是遗传？您别再想骗我了。"鲁尔大声地吼道。

“是真的，难道你没有发现爸爸走路时总是一脚高一脚低吗？这是严重脑瘫留下来的典型后遗症，这么多年来一直伴随着我。”

直到此时，积聚在鲁尔心中多年的疑惑才得到了解答。

“但是，儿子你要记住，这种病的后遗症并不可怕。你看爸爸，在工作和生活中从不比任何人差。”

此后，鲁尔不再为自己曾是脑瘫儿而自卑，他深信自己一定会成为非常优秀的人，和爸爸一样。在这种信念的支撑下，鲁尔以优异的成绩考进了大学，毕业后又找到了一份非常好的工作。

鲁尔32岁那年，父亲因脑出血突然死亡。按照家乡的风俗，在火化前，作为儿子的鲁尔要亲手帮父亲换最后一次衣服和鞋袜。当鲁尔脱下父亲那双几乎是穿了大半辈子的皮鞋后，惊讶地发现：两只鞋的内部鞋底竟然不一样高，高的那只鞋内放着一层用厚厚鞋垫做成的内增高。

鲁尔的眼泪汹涌而出，他无法相信，父亲为了他，竟在20多年的时间里，一直一高一低地走路。父亲的爱，就隐藏在他那一高一低的步伐里。

疼痛，是母亲必需的一步

从呱呱坠地的那一刻起，母亲便注定为你操劳一辈子，疼痛一辈子，幸福一辈子。

听母亲说，我刚出生的时候，非常非常的胖，肉乎乎的，那是一种让人近乎无法舍弃的可爱，乖巧得令她窒息，可是好景并不长，不知道什么原因，我竟然越养越瘦。这段时间，母亲也在瘦。对于做母亲的人来说，这何止是一种疼痛呢，这简直就是一种煎熬！

7岁的时候，和小朋友打架，不小心把自己的手腕弄骨折了。母亲当着那么多小朋友的面，竟然默默地淌下了眼泪，当时我很不解，是我的手疼，又不是妈妈的，她干吗哭呢？这是我记忆以来，母亲第一次流泪。

初中时，因为长得比较清秀，学习成绩又还不错，经常有情窦初开的女孩子写情书给我，我不愿意伤害别人，也就没有把情书交给班主任。甚至于有段时间影响到了学习，母亲不知道从哪儿看出了端倪，竟然大发雷霆，以至于跑到了教室，当着许多学生的面说："谁再写信给我儿子，我就找她的父母告状去！"那一刻，我觉得自己好难受好难受，母亲毫不顾忌我的颜面，深深地伤害了我。那一个星期，我都没有和母亲说过一句话，而母亲，仍然默默地在每天的早晨，为我做好早餐，目送我出门，晚上的时候，做好饭菜在家等我。但我就是不理睬她，就是要折磨她，就是要让她生气。然而，她什么表情也没有。多年后的我，竟然发现自己的可悲和可怜。与其说母亲伤害了我，倒不如说自己弄疼了母亲，让她受伤了，而且默默地承受着痛苦。

再到后来，发现自己竟然有花粉过敏的毛病。原本爱美的母亲，毅然将院子里已栽种多年的花儿挖掉了。我依然记得那天上午，从诊所吊完水回家，坐在院子的大门口，看着母亲将一株一株已经绽放的月季、牵牛花连根挖除，毫不怜惜。为了儿子，她在压抑住对美丽的喜爱，甚至残忍地连根拔起。

在以后的日子里，和母亲仅有的几次逛街，都看见她对路边花摊上摆放的盆景鲜花念念不忘。这才明白，母亲的喜爱，是一种与生俱来的天性，无法割舍。即使疼痛，仍能做到无动于衷。

参加工作后买了房，在搬到新房后的第一个早晨，我看见她早早起床，在小区楼下的花坛上，和着清晨的露珠，静静地呼吸着桂花的芬芳。幽幽地，一个人独自幸福。

与其说是花儿的芬芳吸引住了母亲，倒不如说是“风景”的美丽，因为这是一位母亲，在儿子的家门口静静地嗅着花香。多年的煎熬，终于结出了硕美的“花朵”。这一刻，我站在玻璃窗边静静地看着她。在我眼里，母亲是这个世界上最美丽的女人，最美丽的花儿。

伴随着成长的每一天，疼痛在母亲的心底，一层一层地烙着印。这是一种复杂的疼痛，涉及很多的细节，很多的琐碎。然而我知道，母亲并不后悔。即使是疼痛，也是幸福的。看着逐渐长大成人的儿子，她永远都能微笑着呼吸。

你让世界如此美丽

她和我住在同一个村子，按照辈分，我该喊她姐姐。

她长得很清秀，模样十分讨人喜欢。只是遗憾的是，她的身体从小就不好，胆子也十分的小。见到蚂蟥、蜘蛛腿都会发抖，更别说蜈蚣和蛇之类的“凶神恶煞”的东西了。最要命的是，她有血晕，她的母亲没有，倒是她的外婆有，家族病，隔代遗传的。

我读初二的时候她就结婚了，男的是临近镇上的一个木匠。结婚后，小两口子倒也甜蜜，只是长期没有生育，刚开始几年，她的公婆还是有意无意地说几句，后来就过分了，整天破口大骂。由于实在受不了这样的日子，两人便离婚了。无论当初公婆说出如何歹毒难听的言语，离婚后的她，在路边碰到公婆，仍然客客气气地打着招呼。

在我参加高考后的一个星期，她在村子门口的荒地上捡到了一个体弱的女婴，而且还是兔唇。这样的情况在农村并不新鲜，不少人家生了残疾小孩，便扔掉不管。这个女婴，估计也是临近乡镇的。捡到小孩的时候，只有两个奶瓶，两件婴儿的衣服，在家人万般反对的情况下，她仍然选择接纳这个孩子。一切都要重新添置，婴儿床、奶瓶、衣服、摇篮，她把自己的私房钱贴了出来。

小女孩的体质很弱，去县医院看医生的时候，医生说这孩子要多补，最好能经常吃到乌骨鸡，为此，她专门养了一大群鸡，家人不肯帮她杀，无奈之下，她下了横心，自己两腿夹住鸡身，一手拎着鸡头，另一只手横空一刀，鸡血溅了一身，她身体摇晃着，如此多次，竟然真的也不头晕了。

看见这一幕的时候，我很惊讶。生物课本上说，晕血是先天性的，因染色体缺少必要的基因而导致的。这倒使我怀疑起课本知识了。

小孩在她的身边长得很快，很健康。为了维持生计，她在村口开了一家小店，大家都照顾她的生意，虽然不富裕，但母女俩的日子倒也过得有滋有味。

再后来的时候，她的男人又回来找她了，据说和她离婚后不久，这个男人又和别的女人结婚了，也一直没有生育。问题是出在男人的身上。而蒙受不白之冤的她，仍不把公婆家人的“劣迹”放在心里，仍然选择接纳了这个男人。但是前提是，男人不能嫌弃这个兔唇女孩，并且还要男人出钱给这个孩子做兔唇手术。

男人不吭声，低头同意了。他知道，自己找了一个温柔善良的女人。

大一暑假放学回家，我在村口的时候看见了她，男人正把小孩抱在怀里逗着玩，而她却在店里盘算着账务，看见我的时候，她还特意和我打了招呼，并且拿了一只冰棒给我降暑。我看了看小孩，兔唇手术已经做过了，孩子十分可爱，懂得见人就笑。

这是我亲身经历的，最亲切最感人的一个故事。

经常在电视上看到“感动中国的十大人物”“感动中国的十大母亲”，我并没有感动过。这些遥远的故事和人物并没有扣动我的心灵，倒是她——我的远房姐姐，一个普普通通的小人物，她用自己的姿态诠释了爱的奇迹、爱的力量以及爱的宽容。

你让这个世界变得如此美丽，人生变得如此美妙。而你，也成了这个世界上最美丽的母亲、最贤惠的妻子、最孝顺的媳妇。

爸爸父亲都是爱

从刚记事的6岁起，我就一直在想：如果自己能有个爸爸，那该是一件多么有颜面的事啊！至少，我也会和小伙伴们一样，在一提及“爸爸”这两个字的时候，脸上便会如同冬日里的阳光一般暖和灿烂。

7岁的时候，我问妈妈：“我有爸爸吗？”妈妈很坚强地点了点头。

8岁的时候，我再次问妈妈：“爸爸呢？”妈妈抚摸着我的头，仍坚强而又自信地点了点头。

9岁生日那天，我一直追问妈妈道：“爸爸呢？我的爸爸呢？我的亲爸爸呢？”妈妈用力咬了咬嘴唇，从嘴里吐出了几个沉重的字：“快了！真的快了！日子快到了！”

在我10岁生日的那天，妈妈领了一个陌生的男人回家，然后指了指那个男人对我吼道：“快叫爸爸！”我愣了一眼，之后便一直没有吱声。甚至，在被妈妈罚站墙角的半小时里，我连一分都不曾怀疑就肯定地想：这个老男人不是也不会是我的爸爸的！我的爸爸，是不会如此的佝偻寒碜的，从这个男人的那件破旧的都露出了些许棉絮的棉大衣，以及他那咧着嘴的憨笑就可以看得出。

在上小学三年级的时候，也就是在我11岁的时候，那阵子，天总是下着大雨。为了避开他虚伪的接送，甚至，我宁愿自己冒着被洪水冲走的危险，独自从那座摇摇欲坠的小桥上蹒跚走过。我想：那个男人每天不怀好意地接送，完全是有目的的。也许是为了笼络我，想从我的嘴里喊出“爸爸”这两个字。也许是为了收买妈妈那颗脆弱善良的心，收买我们这个早已让他入住的家。

很快小学毕业读初中了。在学校，我的学习成绩依旧如同春天里的桃花一样轻盈美丽。为此，爱才如命的老校长决定为我开个全校性的个人表彰大会，这是学校建校以来从未有过的事情，班主任这么告诉我时，我只是笑了笑。

在学校表彰大会的主席台上，我看到了他——那个老男人，依旧穿着很笨拙的棉衣，蜷缩着身子坐在学生当中，依旧咧着嘴傻笑。我看着那个老男人，撇了撇嘴。

在表彰大会的高潮，校长开口对大家说道：“父母是孩子成长最好的老师，所以，我很想让这个成绩足以让全校师生眼光闪耀的学生家长走上讲台来，谈谈他的教子心得。”与其说是教子心得，还不如说是让全校师生开开眼界，见见“英雄”的父亲。

那个老男人走向了主席台，仍然穿着笨拙的棉大衣，依旧佝偻着身子，像大虾一样爬上了高高的主席台。

他刚上主席台，全校的学生便瞬间哄然大笑，仅仅是因为这个男人的形象完全超出了他们的意料。

他抖了抖嗓子，说道：“我从来没有教育过我的女儿。因为打从她一出生，她便没有见到过我，我整整坐了10年的牢。但是，我仍是她的父亲，我为她的优秀成绩而骄傲。”

他的话刚说完，整个会场便沸腾了起来。因为比起我的学习成绩，大家更愿意把目光注视到“10年牢”这几个字上。

看到这，我的脸一片通红，甚至我都有一股想哭的冲动。在我心里，我只知道他是一个父亲，而不是一个爸爸。父亲，所赋予的只是一个概念，而爸爸，则赋予了子女全部生活中的温暖和爱。

我一直都对他爱理不理。甚至很多时候，我连家都不想回，要不是为了那个常年生病卧床的母亲。我宁可住校，宁可啃着冰冷的窝窝头，宁可守着那孤寂无声的寝室。

高中了，我的成绩依旧优秀，依旧成为全校学生瞩目的焦点。这让我很荣耀又很无奈，除了学习，说实在的，我没有任何东西可以和学校里的其他同学相比了。

高三时，我遇到了生命中的第一个男孩。第一次，在我的心里，我知道了有一种温暖被人们称为爱情。那是一个足以让全校女生心动的男孩，我觉得我们似乎是恋爱了，因为这是我的第一次心情萌动，我不知道，这是不是人们常说的爱情，也许，恋爱并不等于爱情。所以，在与男孩交往的同时，我更愿意用笔在日记本上记下这一切。

每两周一次的回家，是我最不开心的时刻。要知道，这一天所代表的，不仅仅是一次别离，更是一次面对。

那次回家，我将日记本落在了自己的床上，这是在我上了整整半天的课后才想起来的。为此，从未请过假的我，特意请了半天假赶回了家，看着一阵阵焦急的我，老师甚至还以为我的家里出了什么大事。

回到家，我才发现日记本依旧躺在自己睡觉用的那个绣花枕头边，似乎没有被翻动过。而他，仍挥着汗弯着腰在地里干活，像什么事情都没有发生一样。也许他没有发现，或许，他根本就不识字，我想着。

几天后，那个男孩被他自己的父亲叫回了家。整整一天后才返校。返校后看到他，我才知道，我们的父母一定是知道了我和那个男孩的事。从他手臂上被抽打过的伤痕就可以看得出来。我就知道，一定又是他，一定又是那个老男人捣的鬼。甚至，我都不愿意去恨他了。我没有力气了，甚至我感觉自己都麻木了，除了每天仍坚持着机械般的学习。

高考后，我报了一所很远几乎可以说是到了祖国边疆的城市的大学。临上火车时，高中时的那个男孩也来送我了。我们什么话也没有说，在火车开前的5分钟，那个男孩塞给了我一张小纸条，之后便走开了。

摊开小纸条，我才发现上面只写了几行字：他是一个好父亲好爸爸。甚至，他为了你们这个家，为了你的生命，整整坐了10年的牢，为了你的将来，整整走了半天的路去我家，和我爸爸聊了整整一下午。知道吗？在你妈妈生你的那天晚上，出现了生命危险，为了去救你和你妈妈，身为出纳的他，不顾单位第二天查账的危险。毅然偷偷地拿出了两万元，去抢救你和你妈妈。就这样，他坐了10年的牢。要知道，在十几年前，两万元是多大的数目啊！你爸爸得有多大的勇气啊！

看到这，我感觉自己的脸一阵阵抽搐着，像是一条上了岸的鱼。甚至我都不自觉地伸头扫了扫车外，只见那个男人躲在不远处的人群里，用他那浑浊的目光注视着我。那件穿了多年的旧棉大衣依旧套在他的身上，依旧佝偻着背，咧着嘴唇向我笑了笑，向我挥了挥手。那件旧棉大衣，比以前破的更厉害了，衣服里的一大截棉絮露了出来，像是被人故意抽出来似的，在北方的寒风里抖动着。

我感觉自己的嗓子里一阵阵的干燥，甚至也跟着情不自禁地向他挥了挥手，情不自禁地从嗓子里吐出了朦朦胧胧的两个字——爸爸！已经走到车窗外的他停住了脚步，向我咧嘴笑了笑。像是从身边听到了我喊出的那两个字一样。

火车开动了。

原来，父亲和爸爸，只不过是换了词的概念而已。坐在摇晃的车厢里，我想着。

让我们相依相偎

你说，我刚出生时，像一只小猫，眯着眼，像现在一样的可爱。

“可爱？我都25岁的人了，能用这个词吗？”我嘻嘻一笑。

从我记事起，似乎你永远都是我的敌人，跟我作对。我喜欢吃鱼肉，你偏要我多吃蔬菜；我喜欢吃零食，你偏逼我吃饭；我喜欢睡觉，你偏把我从床上撵下来，让我出去找小朋友玩。真受不了。这么不疼我，我是你亲生的吗？

“一定不是亲生的！”小伙伴们都这么认为。“你看看你，哪点像她，鼻子嘴巴还有眼睛。”听到这话，忽然间我有了一种凄凉的感觉。

每天你都很早出门。当我揉了揉惺忪的眼睛时，你都推着车子回来了。炉子上的稀饭正在咝咝的喷气。你三点多就起床，推着三轮车到郊区的蔬菜批发市场进货，然后趁着早市卖掉。一边是你拖地洗衣服，一边是炉子里煮着咸鸭蛋，这样的画面，持续了好多年。

送我上学，都是最好的幼儿园、最好的小学。与那些坐着私家车的同学相比，你骑着三轮车载我，让我在同学面前很没有面子，所以我只能埋头学习。而你，便在学校附近转悠开了。我从小就知道健力宝瓶比矿泉水瓶值钱的道理。一脸蓬垢，先天性兔唇的你却有着一个十分漂亮的儿子，这成了同学们的议论对象，除此以外，我的学习成绩也是大家的议论内容之一，怎么可能呢？每次考试都是第一？骑三轮车的都能得第一吗？我们家还请了家教呢？

你总是一脸开心地看着我，我经常领奖品回家，奖状、笔记本、钢笔。那段时间，在我心中一直有一个阴影，我是你亲生的吗？我们相貌区别大着呢？不是亲生的，能待你这么好？也是啊。不是亲生的，能待我这么好吗？不可能，所以我自然是亲生的了。可是我的父亲呢？亲生的就总得有个父亲吧。

“他嫌弃我家穷人丑，不要我了。在我怀孕7个月的时候，跟一个摆摊的女老板走了。”你总是憋红着脸，低头对我说。

“妈妈，我们好可怜哦。爸爸都不要我们了。”我说。

“我们不可怜。”你坚强地说。“因为我还拥有你，你还拥有我！”

你走路的时候，总是一瘸一瘸的，然后还要养个开销大的儿子。周围的居民都很熟悉你，家中的废旧破烂全部给你，然后一些用不上的衣服、用具都送到我们家，你总让我鞠躬行谢，让我懂得感恩。尤其是我读高中的时候，你总能挨家挨户地讨些新资料来。很多都是崭新的，我看了看出版日期，甚至有些都是一个月前才出版的，我知道，这些附近的居民怜悯我们母子，因此，我格外的珍惜这些资料。贫穷家庭生活并没有造就一个悲观内向的性格。相反，除了学习好，我的球也踢得好。我成了那些情窦初开的女生们的暗恋对象。这算什么呢？妈妈说了，现在不能谈恋爱。

我们之间没有太多曲折的故事，平淡得出奇，就像我考上复旦一样平淡。突然间，我要出远门求学了。你很舍不得，因为从小到大，我都没有离开你，在你的关心呵护下健康成长，我是你一生中最亲的人，最重要的人。你让我多吃蔬菜，因为我要补充维生素；逼我多吃饭，因为我正在长身体，饭是最有营养的食物；撵我出门找小朋友玩，你怕我在家里待久了性格内向，要让我学会运动，学会锻炼。真的，我了解，我知道，我明白，我更懂得。你的爱是单纯唯一的。

从我接到复旦大学大红录取通知书的那一天起，你就眼睛红红的。从此，我就要离开你了。过完4年的大学生活，然后就开始都市白领生活，我成了你的骄傲。同时，带着爱的遗憾，让你一个人守候在这个孤独的小屋里。

你依偎在门口，眼睛红红的，看着我拎着大大的旅行箱，在邻居们的帮忙下，搭上了车。这成了我的人生定格。

“妈妈，我会回来的！”你看了看我，笑了笑。我说这话，是因为我知道，你明白我说的每一句话，甚至每一个表情的含义。因为我是你儿子。

你是否是我的亲生母亲，现在对我来说已经不重要了。重要的，是我读懂了你的那份旷阔的爱，以及对你的那份深沉的思念。

我读大学的时候，你的身体变得很差很差。甚至大部分时间都是在床上躺着的。屋里的潮气很重，很多时候都是邻居们过来帮忙照应。

再后来，在我毕业前的两个月，我参加了招聘大学生村官的考试，成了小区居委会主任助理。我的回来，成了你的骄傲。你逢人就顽皮地笑着说：“我家的小猫回来了！”

是的，猫妈妈，我回来啦！我们是世间最亲近最疼爱的一对母子。既然如此，我们就更应该珍惜着这份爱。

是的，猫妈妈，那就让我们相依相偎，静静地，聆听对方的心跳声。

母亲的泪光

在我的记忆里，母亲一直都是个坚强的人。即使是家里穷的连买米的钱都没有的时候，她都咬紧牙关撑了过去。而为我，她却流了多次的泪。

在我6岁的时候，一次，我和几个好朋友跑到村里一个跛腿的老太太家的果园里去偷果子吃，被那个老太太给逮到了，她告诉了我母亲。在我吃完果子高高兴兴回家的时候，一进家门，我就看见母亲坐在屋里正等着我，从她憋红的脸我就知道要出事了。果不其然，她见我进来后，就抄起手边的棍子用力地抽打着我。在我的哭声中，父亲赶了过来，他责备母亲道：

"孩子还小，为了这么点小事，你怎么能打他啊！"

母亲咬着牙，说道："现在就不学好，我要是不好好教训他，只怕他将来还会犯法坐牢呢！"那一刻，我看到了母亲眼角隐藏的那一抹泪光。后来，正如母亲说的那样，那里面的一个男孩真的因为犯了盗窃罪而被捕入狱。

小学五年级的时候，文盲的母亲在快到中午的时候给田里的稻子打农药，不小心中毒了，被邻居急急忙忙地送往乡卫生院，我也一路小跑着跟在后面，当时，母亲靠在板车上用抬不起的手指着我道："伢子还小！我还不想死啊！我舍不得伢子啊！"

那一刻，紧握母亲手的我突然间看到了她眼角的泪光。

幸好，那种农药不是很毒，母亲侥幸活了下来！

高二的时候，我的一篇稿子在上海的一家杂志发表了，不久就被《读者》转载了，我将这两笔稿费一共240元交给了母亲。她没收，只是说道：

“这是你挣来的第一笔钱，你就留着吧！”于是，我用这仅有的240元给父亲买了个80元的一个收音机，然后用剩下的160元给没穿过好一点衣服的母亲买了一件“波司登”羽绒服。在我把衣服递给母亲的那一刻，我看到了她眼角闪耀着的泪光。

一年后，我考上了大学。在我动身的前一天晚上，我们谈到深夜。那是我第一次出远门。她很不放心，她说了很多让我在学校要怎样照顾自己的话。我知道，她是舍不得我，怕我在学校里不会照顾自己。当时，为了能让她稍微放心一点，我只一个劲地点头。说了好多“妈，你放心”之类的话。我知道，无论我怎么说，她都不会放心的。在深夜她转身回房的那一刻，我又看到了灯光下她的眼角闪耀着的泪光。

母亲是伟大的，在爱的星空里，母亲的泪光是一颗最漂亮最璀璨也是最光彩夺目的珍珠，是最永恒的美丽，在我前进的路上，她久久地放出灿烂的光芒。

海水是咸的

如果不是亲眼所见，无论如何，我都不会相信这个故事的。

接到热心观众电话后，我们花费了近4个小时，才来到了这个偏僻的小山村。群山之间，坐落着一排白色的房屋，风景很美。她的家很好找，村里最穷最破的一户人家，就是她的家。见到她时，她正在给猪喂食，丝毫不知道我们的到来。

儿子在肚子里7个月的时候，她感冒了，发烧得厉害，村里的赤脚医生给她打了一针青霉素。也就是这致命的一针，让她有了一辈子的遗憾和缺陷。

儿子出生后，家里一片欣喜，可是到了孩子4岁多的时候，还不能说话，而其视力似乎有些问题，这个时候她就开始急了。急又能有什么用呢？无非是去医院检查检查，结果在她的意料之中，先天性哑巴，弱视。没有办法治疗，尽管如此，她仍带着一线希望，抱着孩子到安徽省立儿童医院、安徽医科大学附属医院治疗，结果不尽如人意，倒是家里越治越穷。

儿子从小就自卑，不敢出门，更别说这个大山了，丈夫3年前外出打工后，一直杳无音讯。家里的琐碎全靠她维持，才过36岁的她，看上去似乎有50多岁，经济的煎熬不算什么，儿子才是她心头永远的痛。

那次赶集，在地摊上买了一个20多元的收音机。儿子13岁的生日，她想作为礼物送给儿子。作为母亲，她只希望儿子过得好，仅此而已。

这个收音机也成了儿子的宝贝，每天都听。听得最多的，是张惠妹的歌曲《听海》。“听，海哭的声音……”一曲曲动人的旋律在小屋内盘旋。这一切，她都看在眼里。

最终，她做出了一个惊动深山的决定，带儿子去看海，因为这首歌曲。“盲人？盲人难道就不能看海？”一路上，她都这样对别人解释。

从安徽到福建有上千千米的路程，她骑着卖菜用的三轮车，带着儿子，花费了整整一个多月的时间。出发前，她把棉被枕头什么的都洗得干干净净，放置在车上，到福建的时候，棉被已经发黑了。

她在海边住了两个星期，每天带着儿子去看海。海边的人看到这对可怜的母子，纷纷送来吃的和衣服。一天一天，看着大海，儿子的眼睛湿润了。海浪拍击的声音，在他的心头阵阵荡漾。他知道，海水和泪水一样咸。

再后来，儿子离开了她，儿子是主动要求走出深山的。2008年9月的时候，儿子在电视上出现了，整个深山一片轰动。不仅仅是因为儿子能走到北京天安门，更能上电视大显身手。在残奥会上，儿子只得了第五名，电视台播出的时候，她的双眼始终都是红润的。作为母亲，她最大的理想，就是希望儿子能顶天立地，而他，真的努力做到了。

爱能弥补遗憾和缺陷。这种横跨千里的爱，让人唏嘘不已。如果泪水是咸的，海水也会一样的咸，母爱迸发出来的力量，足以让他感动，成为奋发的动力和前行的理由。

在水乳交融的爱海里，泪水和海水一样咸。

最成功的作家

一直以来，他都认为自己能成为一个成功的作家，从7岁开始，在家人的指导下，他就在《小学生作文报》上发表文章了。

作家，最需要的不就是生活经历吗？这是大家公认的事，一个成功的作家，一件成功的作品，最需要的，就是亲身的经历，然后赋予情感的表达，余光中能写出那么好的《乡愁》，戴望舒能写出那么好的《雨巷》，都是一种真实情感和内心的表达，他想，随着年龄的增长，他也会做到的。这个时候，他已经大一了。

暑假前的一个星期，他在图书馆看见了某家知名杂志社的征文比赛，以“年三十的心情”为话题，奖金高得能抵得上一年的生活费，他想，自己如果用心，一定能写好，于是，他决定不回家了，在学校过年，写一个游子思乡的心情。

大年三十，这座江南小城的上空响起了烟花，每家每户的门口都贴上了对联，校园里也挂满了灯笼，在夜晚昏黄路灯的照耀下，格外地让人忧郁，出生到现在，很少观察夜空，他惊讶地发现，漆黑的天空竟然还缀着几颗星星，忽闪忽闪的，这是从小到大他第一次发现。

这个时候，他漫步在校园的主干道上，在学校过年的老师们，穿着厚厚的羽绒服，夫妻牵着小孩的手，蹦着笑着，除了他自己。晚饭他只吃了一包方便面，其实吃不吃都无所谓，他并不饿，他最缺的，是一种经历，一种忧郁情感的表达。他想，他今晚见到的一切，都是成功作品的一部分，他了解到了一个游子的乡愁，了解到了一个异乡人的落寞心情，在这样的情景下，谁都会为之动情的。

回到宿舍，他赶紧在纸上刷刷写了下来，整篇文章一气呵成，极为流畅感动，他认为，这是他写作以来最成功的一件作品了，真情流露，真实感人。

写完后，却发现已经是十一点多了，忽然，他觉得有点口渴，他想喝水，打开水瓶，才发现仅有的一点开水已经泡了方便面，忽然，他想起了过年母亲在家里土灶上煮的茶叶蛋，想起来从小到大母亲一成不变的动作，年三十那晚给他换新袜子新鞋子，这个时候，窗外响起了烟花声，对面家属楼里的电视声音开得很大很大，他清晰地听见了李咏的声音——2007年的春天即将来临，我们等待着这个美丽的春天，好，我们倒计时开始，10、9、8、7、6……

这个时候，他的手突然颤抖起来，他提起了电话，拨起了那个熟悉的号码："妈！"

电话那头，他的母亲早已哭声一片："儿，娘想你，娘就你这么一个儿子，就你这么一个亲人……"

这个时候，他已经抑制不住自己的激动心情，在电话这头号啕大哭了。今天，是他创作最失败的一天，这件作品，是他创作最失败的作品，而他，也是最失败的作家。

其实，母亲才是最成功的作家，而他，是母亲最成功的作品。

最温暖的小屋

前去公安局采访的时候，听到这样一个故事。

不久前，公安局破获了一起盗窃案。准确地说，是破获了一起盗窃汽车电瓶案，一个外地男子流窜到本地作案，实施抓捕的时候，犯罪嫌疑人正在往他临时住的一个废旧厂房里拖着刚偷出来的电瓶。

接着带回局里审问，谁知道还没有审几分钟，犯罪嫌疑人突然间就倒了下来。是晕了过去还是自杀，当时谁也不知道。审讯的民警顿时慌了，赶忙用警车把他送到了医院。

几分钟后，医生出来了，告诉办案民警，这名男子是营养不良，再加上过度惊吓，所以晕了过去，当然，主要还是营养不良，现在正在吊葡萄糖呢。“没事的！吊完了你们就可以把他带回去。”

办案民警十分惊讶。他们怎么也没有想到，这名犯罪嫌疑人竟然会营养不良。要知道，这名犯罪嫌疑人前后盗窃电瓶所卖得的钱至少有4万元以上。

出于人性化考虑，办案民警还是把他带到一家饭店吃了顿饭，看着犯罪嫌疑人狼吞虎咽的样子，办案民警依旧惊讶得厉害。

接下来又把犯罪嫌疑人带到了局里审讯，很顺利，犯罪嫌疑人对于盗窃事实供认不讳。案件审理的最后，有一个办案民警实在忍不住问了一句：“你日子怎么会过得这么苦呢？你盗窃的汽车电瓶不是卖了好几万块钱吗？”

那名男子瞥了民警一眼，很轻松地说道：“寄回家了。昨天下午还寄了

2000元回家，为了凑个整数，把自己身上吃饭的几十块钱都贴了进去。”

说到这里，告诉我的民警叹了一口气说：“想不通，我怎么也想不通，世上怎么会有这样的犯罪分子，我着实不明白。”

我笑着说道：“这个我明白！凭直觉我知道，这背后一定有一个非常感人的故事，只是我们这些局外人都不知道内容而已。”

也许是跑多了公安题材，见多了不平事，我素来对犯罪嫌疑人都没有好感，而这次恰恰是个意外。

记得古希腊的一位哲人也曾说过这么一句话：人类是双性的，人性是双面的。果真如此！

写到这里，我在心里倒默默祝福起这名男子来了，希望他好好改造，早日回家。因为在远方，还有一个点了灯，充满爱的小屋——家。

第六辑 做自己的第一

当你的特长不被别人认可时，那是因为你做得不够出色。换句话说，你比别人出众一点点，别人就会用嫉妒的目光注视你，而你超过了别人一大截，那么别人只会羡慕你。

希望在人间

当马莎·伊莉莎白走进医院的时候，她显得相当平静。这里的一切，对她来说都并不陌生。

马莎·伊莉莎白是个30多岁的中年妇女，她有一个很温暖的家，有一个爱她的丈夫，有一对爱她的儿女，这一切，似乎是幸福生活的最佳展现方式，至少，马莎也是这么想的。

自从两周前走进这家医院以后，马莎似乎从来都没有快乐过，准确地说，是她比以前更加不高兴了。因为她在上个月被查出了患有乳腺癌，医生说，如果她仅仅做乳房切除手术就能抑制病情，那都会是马莎的大幸，是上帝在冥冥中对马莎的眷恋了。

在医院空旷的候诊室，马莎正漫无心情地等待劳伦医生每周一次的诊断，一个黑人小男孩吸引了她的注意力，这是一个8岁左右的黑人小男孩，他正在候诊室门口玩耍着，在一个月前，也是在这个地方，她也遇到了这个小男孩，只是马莎当时没有注意他而已。

"19号，马莎·伊莉莎白！"随着护士的叫喊声，马莎在观察黑人小男孩中回过神来了。她知道，劳伦医生该给她看病了，她最终的检查结果也出来了。马莎的脸十分苍白。

"抱歉，夫人，你的情况不是太好。"马莎刚坐下来，劳伦医生就开口说话了。"它是恶性的，或者，我只能把你的双乳切除了，只是，她会影响到你的美丽。很抱歉，夫人，我能做的只有这些了。"

听到这，马莎难过极了。这样的结果，对于十分爱美的她来说，将是一个惊天打击，割掉双乳？丈夫会不会不再爱她了？孩子们会不会觉得她有了残缺而不再喜欢她了，不愿意喊她妈妈了，同事们又会怎么看呢？她不敢想象。

“容我考虑，容我考虑！”马莎喃喃着走出了诊室，慢慢地走到了候诊室。想着自己美丽的乳房会被切除掉，她感到身体一阵不舒服。于是她顺势坐倒在候诊室的座椅上。而那个黑人小男孩，仍在地上开心地玩耍着。不知道过了多久，那个小男孩走到了马莎的椅子边。

“夫人，你的脸色很难看，你很不舒服吗？告诉我可以吗？”黑人小男孩望着马莎，开口说道。

“恩！是的。很不舒服，你在干什么呀？孩子。”马莎很惊奇这个小男孩的举措。

“我吗？我在等待看病啊！时间还很多，所以我就自己一个人玩啦。”

“你也看病？你的父母呢？”

“是的。夫人，我也是来看病的。我爸爸开出租车去了，我妈妈……我没有妈妈。她死了好久了。可以不问我这个吗？夫人，因为我不想说。”黑人小男孩看着马莎，眨着大眼睛说道。“我经常一个人来看病的，很熟悉，所以不用爸爸陪的。”

“是这样的啊。那么，亲爱的孩子，你为什么要经常来看病啊。你得的是什么病啊。”

“骨癌而已，夫人。”黑人小男孩回答得很轻松。

“哦！天哪！”马莎夫人吓了一大跳。

看到马莎夫人惊异的表情，黑人小男孩反倒安慰起她来了。

“夫人，我知道的。这病可能会死。不过这没什么啊！假如我将来真的死了，那我就可以去天堂见我妈妈了啊！然后，我会很开心地告诉妈妈‘爸爸在人间非常想你，依旧非常爱你’`，不过这以后的事谁也说不准。但是我现在还是活着的啊，还是和爸爸住在这个有希望的人间啊。”

黑人小男孩的这番话，说出来时很轻松，可是马莎夫人听了心里却沉重无比。

是啊！希望在人间，只要有生命，只要还活着，什么都会充满希望的。因为，生命是让希望存活人间的唯一方式。而这个黑人小男孩，竟然能想得这么透彻，想到这，马莎夫人开心地笑了，这是她在她们全家上个月去夏威夷群岛度假时，轮船遇难，她们一家人失散后唯一的一次微笑。只要希望在人间，生命也会继续在人间的，上个月公布的遇难者名单中并没有丈夫和孩子们的名字，至少表明他们目前仍有可能活着啊！想到这，她知道自己该做什么决定了。此时，她仿佛看到了沙滩边的丈夫和儿女，他们正微笑着向自己走过来。

“嗨！夫人，我可以邀请你一起玩吗？”黑人小男孩再次眨着大眼睛，看着马莎夫人说道。

“非常乐意。我想我们一定会玩得很开心。”马莎夫人开怀笑了。

此刻，宽敞的候诊室里，一对母子模样的人正在地上开心地玩着小球，似乎顷刻间，候诊室变成了天堂。

听见幸福在唱歌

受海洋的影响，八月的得克萨斯州经常刮台风，并伴随着大雨。

已经是深夜十二点多了，约翰家的电话骤然响起。睡梦中的约翰依稀听到了电话里急促的声音，估计又是一个急诊电话。爸爸立刻起了床，然后习惯性地吻了吻他，接着急急忙忙地穿起了衣服。约翰已经习惯于爸爸的半夜出诊了，可是，这么深的夜，这么大的风，让小约翰一个人在家，爸爸实在是不放心——约翰的妈妈早在几年前就已经不习惯于这样的日子，而离开了他们父子。

本已经出了门的爸爸，看见被大风吹得摇曳着的大树，忽然变得不放心起来，紧接着他又推开门进了屋，抱起睡意蒙眬的小约翰，放在汽车的后排座上，立刻箭一般地冲了出去。

到医院急诊室时，里面已经灯火通明了，爸爸把约翰放在急诊室门外的长椅上，脱下衣服盖在了小约翰的身上，然后奔了进去。

此刻，躺在长椅上的小约翰却已经睡意全无了。他发现，自己脚边也坐着一个黑人小男孩，他正用别扭的英语吃力地唱着赞美歌。因为语言的不熟悉，约翰可以感觉到，那个小男孩唱得很吃力。

约翰很惊讶，在医院急诊室门外唱赞美歌，他还是第一次看见，出于好奇，他问了一句："你为什么在这里唱赞美歌？"

"赞美歌？不是幸福歌吗？妈妈就是这么说的呀！"黑人小男孩回答道。

"幸福歌？"约翰很惊讶。

"嗯！妈妈说的。"那个黑人小男孩显得很平静，"来美国之前妈妈教我唱的，妈妈是三年前来的。"

"那你妈妈怎么了？"爸爸的深夜出诊，他想，一定和他妈妈有关。

"妈妈有心脏病，在我们几内亚比绍（几内亚比绍是南非的一个国家）的老家时，医生就断言，妈妈活不到半年，可是来到美国后，妈妈都已经活了三年了。"

"是这样呀。听到这个消息我很难过。"约翰同情道。

“为什么要难过？”黑人小男孩显得很不解，“我和妈妈生活得很好呀。”

小约翰没有说话，顿了一会儿说道：“可是，你刚才唱的的确是赞美歌，不是什么幸福歌啊。”

“没关系，妈妈能活到现在，而且还这么开心地和我生活在一起，我觉得已经很幸福了。比起赞美歌，我更觉得它是幸福歌。”说到这，黑人小男孩看了急诊室的大门一眼，深情地说了句：“我和妈妈都很幸福。”

窗外的风刮得更大了。一个小时后，手术结束了，爸爸出来了，那个黑人妇女也出来了。很平安地又扛过了一关。

回家的时候，雨点夹杂在大风里，直砸车窗玻璃，似乎是要把车窗玻璃都要砸碎，小约翰看着疲劳的爸爸，仍高度小心地驾驶着车子，他觉得自己很开心很幸福。

到了家门口，爸爸吃了一惊，家里的房子已经被大风刮倒了。看着在身边的小约翰，爸爸忽然间笑了起来，笑得很开心。

此刻，约翰正躺在爸爸的怀里，开心地唱了起来，那是一首赞美歌，更是一首幸福歌。

紫荆花的春天

秦建吾是一位较有名气的画家，他曾师从书画泰斗傅抱石先生，由于历史原因，知道秦建吾的人并不多。

从20世纪40年代起，秦建吾就开始在中国的书画界崭露头角，并深得蒋介石和蒋纬国的赞赏和嘉奖，为此，蒋纬国还专门把秦建吾调到了他的装甲独立团做私人文书，这段时期，也是秦建吾书画人生中最辉煌的时期。

新中国成立后，由于历史原因，秦建吾的生活一直很艰苦，尤其是在文化大革命的那段时期，虽然身处偏远的农村，并且时常遭受批斗和游行，但秦建吾仍然咬牙坚持了下来。

文化大革命结束后，秦建吾一度靠鬻画为生。由于生活条件非常不好，对于当时仅为了填饱肚子而奔波的人们来说，欣赏书画简直就是一种昂贵的奢侈。后来，香港的喜来登皮鞋有限公司托人来到安徽，以每个字100元的天价，请秦建吾写“香港喜来登皮鞋有限公司”这几个字，这1100元钱的收入，对于秦建吾来说是好几年的生活费，秦老便当场应允，几天后，秦建吾写下了“中国香港喜来登皮鞋有限公司”这几个字，并告诉来拿字的香港人——这里面的“中国”两个字是免费给你们写的，不但不收费，反而还倒贴100元给你们，你们只要付1000元就行了。 由于香港当时是属于大英帝国管辖的，当时中国和英国甚至连正式谈判都还没有开始，香港喜来登有限公司的人当然不愿意接受，两人僵持了好久，秦建吾最后发怒说：“要么接受‘中国香港’这字样，要么就别要这字画。”见秦老那一股倔劲，来者没有办法，发电报到了香港，询问公司领导该如果处置，公司领导回复说可以接受。秦建吾这才肯放手将这几个字交出去。

可是，事情并不是像秦建吾想的那么简单，香港喜来登皮鞋公司拿到秦建吾的这几个字后，在使用的过程中，仍然去掉了“中国”，只保留不完整的“香港喜来登皮鞋有限公司”这一字样，后来秦建吾知道了这一消息，十分愤怒和懊悔。甚至，他想到了出5倍甚至10倍的钱去把那字买过来，不让香港那边继续使用。香港那边回复秦老，送来一箱子的喜来登皮鞋。接到皮鞋后，看见盒子上自己写的“香港喜来登皮鞋有限公司”字样，秦建吾气得直哆嗦，一手把皮鞋摔出了门。

随后几年的秦建吾，生活得闷闷不乐，可以说是与这件事有着很大关系的。1984年，中国和英国正式签订了香港回归和约，这个时候，秦建吾才稍稍缓解。当时，他再次写了“中国香港喜来登皮鞋有限公司”几个字寄到了香港。香港的《大公报》专门派记者来采访秦建吾，秦建吾告诉来的记者：“我只是一个民间书画家，是这片热情的土地带给了我写作的激情和灵感，我热爱着祖国的这片山山水水，也热爱一个完整的中国地图，一个合格的书画家，无论在什么时候，都应该用自己的笔去书画完整而伟大的祖国。”

艺术带来了人格的品质，也带来了人类精神的灵魂。面对祖国，人格的品质所带来的魅力，远高于艺术的境界。

一个完整的艺术家，应该有一个完整而独立的灵魂。

为爱担保

作为巴西阿克里州农村信用社的一名工作人员，我的主要工作是，为那些申请贷款的人服务，受理他们的贷款申请，交由审核部门审核。

这期间，我认识了一个叫莫西尼的中年男子。每个月的第一天，他都会准时来到登记大厅，向我要一张申请表。因为一些特殊原因，他总是让登记大厅里的其他申请人帮他填写申请表。

可是，莫西尼的这种行为在我看来完全是没有意义的，因为他要申请的贷款金额相当不菲，折合约5000美元。而且在担保条件这一栏，他只让人帮着写上：可在6年内分期还清贷款。

将这样的承诺作为担保条件，当然无法通过审核。但莫西尼不死心：

“请帮我再申请一回，求您了！”他每次都这样说。而我能做的，也只能是每月替他递一回申请表，其他的实在无能为力。

一年后，我被调岗为一名乡村信贷员，负责州内几十个乡村的贷款发放事宜。此时的莫西尼还和两年前一样，每月都去信用社填写贷款申请表。

有一天，我脑袋里突然冒出个想法，去莫西尼的家里看一看，了解一下他到底为什么要贷那么多钱。之前，他从没告诉过我这些钱的用处。

按照申请表上的地址，我很快就找到了莫西尼的家。那是怎样的一个家呀，真的是家徒四壁，不过收拾得相当干净整洁。

莫西尼不在家，一个30多岁的女人接待了我。“尊敬的信贷员先生，请原谅我这么久才开门，因为我的眼睛不太好。”

当这个女人站到我面前，我才发现她的双眼的确有问题，几近失明。“莫西尼贷款是为了给您治眼疾吗？”我试探地问。

“是的。里约热内卢的医生说，我的眼睛只需要动个稍微复杂点的手术就能复明。莫西尼说，到那时我就能看到这个美丽的世界，还有我们将来漂亮、乖巧的孩子。”女人的脸上挂着一丝羞涩。

我有些感动。“那么，为什么莫西尼说他能在6年内分期还清贷款？”

“哦，因为莫西尼的工作还不错，收入比较高，他在一家小学当司机。”

我很惊讶，但控制住了自己。

“莫西尼是个好人，他为了安慰我，每次一回家就把自己也扮成一个盲人。他说，这叫‘患难与共’。”女人继续说道。

我不知道说什么好，匆忙告辞。回来的路上，我恰巧碰见了莫西尼，他拄着一根拐杖，摸索着艰难前进！是的，莫西尼是一位盲人，这是一件除了他的未婚妻外，大家都知道的事情。而他的真实工作，是帮路人按摩，以赚取微薄的收入。这也是信用社一直不愿贷款给他的真正原因。

又过了一个月，莫西尼高兴地告诉我，他的贷款批下来了。他十分不解：“是什么原因让信用社改变主意了呢？”

“也许是爱，无私的真爱！”我微笑着回答。

莫西尼并不知道，我在他一个月前提交的贷款申请担保条件一栏，偷偷补充了这么一句话：信贷员尼曼自愿用一年的工资收入为莫西尼提供贷款担保。

润　田

回老家的时候时值春夏之交，田里的秧苗正飞快地生长。看见父亲的时候，他正扛着一把锄头穿梭在田野里。

父亲看见我，很轻巧地说了一句：“回来啦！走，回家去！咱父子俩好好整点酒。”说这话的时候，父亲显得轻松自然，而对于此刻的我来说，却是一种久违了的幸福和感动。

回到家里，菜端上桌，父亲仍然是老脾气，板着脸，看不见丝毫的笑意。劈头就问最近的工作情况如何，听到父亲的问话，我一脸委屈和难过，对于才工作不久的我而言，在单位遭遇的种种不平，着实让心里难以接受，更令我不知所措。索性一股脑儿地把肚子里的苦水全部倒给了父亲——从同事总是让我扫地打开水，到打稿子买盒饭……总之，他们一个劲地欺负我，关系越来越僵。

父亲板着脸，在一旁安静地听着，我絮叨了一个多小时。在这一个多小时里，父亲没有说一句话，只安静地吃着小菜，抿着小酒，连我自己都感到吃惊，今天自己到底是怎么了，怎么如同妇人一般絮叨了。

听完我的这些话，父亲的脸微微涨红。他开口道：“其实，上班难，在家种田更难。这天气，家里的庄稼又快干了。”

我一声不吭地看着父亲，听着他说这些无关紧要的话。

他抿了一小口酒，又缓缓开口道：“你知道我平日是怎么给田里的秧苗找水的吗？我是从上游的水塘里用水泵抽水慢慢灌溉的。”

“可是，很多时候水管不够呀，有时候，从水塘到田里，甚至有好几千米。”我小心地说。

“是啊！很多时候是不够，所以我就经常把水抽到上游别的人家的田里，然后，再一层一层地放水，水从上游的水田里，再流到下一层的田里，最后才能辗转到自己家的田里。这种引导水的方式十分灵活，只有先灌溉了别人田里的秧苗，才能使自己家田里的秧苗有水喝。很简单的道理，如果你不想先滋润别人家的田，那么最先渴死的，将是自己家的庄稼。”

父亲喝了一小口酒，继续说道：“在水流经别人田里的同时，你得花费一部分水先滋润别人的田，同时你还得小心地检查，看看别人的田里是否有漏龙，就是有小的隐蔽的漏水口，不然水就从漏龙里白白流跑了，浪费了。记得，要想灌溉好自己家的庄稼，就别在意多抽点水，还得懂得检查漏龙，使得别人田里的庄稼能够真正地享用到水的滋润。”

说到这，父亲用眼睛紧紧地盯着我。瞬间，我也明白了。突然间，我发现整日面朝黄土背朝天的父亲，也有他的伟岸可爱之处。

父亲说，他只是一位简单朴实的农民，只会种地，不懂别的。可是在我眼里，许多时候，父亲都是一位思想家。

跳动的水，跳动的生活

这是大学生涯的最后一节哲学课，也是这些天之骄子们即将告别校园生活、走向社会的最后一课，甚至还是老教授退出教坛生涯、正式离休前的最后一课。为了能再多教这群即将走上工作岗位的大学生一些做人的道理，依照往届教学经历，老教授问了大家一个很老的问题——怎样才能让水跳动起来？

听完老教授的提问，教室里一片争论。不久，就有学生陆续地站了起来，将老教授的问题做了认真的回答——把水加热至100摄氏度，让水沸腾起来，于是水也便会跳动起来了。

听到这个答案，老教授满意地点了点头。学生的回答在他的意料之中。

“那么，为什么要把水加热至100摄氏度呢？”他又问大家。

“因为水只有在100摄氏度的情况下才能沸腾！”底下有学生小声嚷嚷着。

听到这，教授又补充了一句：“80摄氏度不行吗？70摄氏度呢？”

听到教授这么一问，大家哑住了。

看到这一情景，教授深深地叹息了一声，说道：“其实，不是80摄氏度不行，而是因为你们没有给水加压，试想一下，如果把水放在有一定海拔高度的高山上煮，或者，是放在一个压力锅里加热，那么，它的沸腾还需要100摄氏度吗？不要！也许，只要80摄氏度甚至是更低的温度，水也照样能沸腾起来！跳动起来！”

说到这，教授顿了一下，然后，接着说道：“我们的生活也是这样。有时候，明明是一件自己很难办成的事，当在你的双肩加上压力后，那么，即使再难，在压力的作用下，在自己的努力下，也都会变得触手可得了。把压力融入自己的生活中，即使是生活再难，道路再险，在自己看来，也是可以跨越的！”

听到这，教室里一片沉寂。

这时，有学生站起来，反驳道：“要让水跳动起来，为什么非要加热沸腾呢？更不必那么麻烦地给它加压了。其实，把它端起来，用力地摇一摇，那么，水不就可以轻易地跳动起来了吗？有时候，把简单的事情复杂化，才是自己给生活的最无聊的压力！”

听到这，教室里唏嘘声一片，甚至，就连教书一辈子的老教授，也都一阵阵地感叹着！

貉之爱

去动物园的时候，正赶上活动，所以她没花钱买票就进去了。

在笼子前，讲解员正给一大群小学生讲解动物知识，看着热闹的人群，她也围了上去。尽管她没有什么心思听。讲解员讲解的是貉，就是小时候书上说的词语“一丘之貉”的貉。

讲解员说，三年前，动物园里只有一对非常“年轻”的夫妻貉。当时饲养员给它们喂食的时候，它们总是为了争抢食物而打架，并且，整整打了一年。第二年开春的时候，它们忽然间安静了起来，尤其是那只公貉，喂食的时候，对食物竟然无动于衷，不但没有和母貉争，而且显得十分文静。开始的时候，饲养员以为公貉生病了，于是给它做了个全面检查，结果一点毛病也没有，就在工作人员感觉很纳闷的时候，母貉的肚子渐渐大了起来，这个时候，大家才明白，原来是母貉怀孕了。

由于定量的食物都让给了母貉吃，不久，公貉竟然营养不良，于是有游客建议把它单独喂养起来，不过动物园的专家很快就否决了——如果它连自己的“爱妻”都不能见，那不更是“茶不思，饭不想”了吗？那不是更憔悴吗？最后，饲养员决定加大食物量，这个时候，在母貉吃饱了不吃的情况下，公貉才勉强吃饱。

几个月后，4只小貉出生了，母貉也开始不吃食物了，即使是饲养员加大了食物的分量，它们也不先急着吃，而是等小貉们吃饱了以后，然后再让母貉吃，最后，才轮到公貉吃。后来，动物园把几只小貉分开单独喂养了，笼子里仍关着它们这对“夫妇”。这个时候，饲养员喂它们食物的时候，它们竟然不打架了。尤其是公貉，居然绅士般地让母貉先吃。

听到这，她的心怦的一动。

步行回家的时候，天已经黑了，爸爸妈妈正好把菜端上桌。吃饭的时候，她忽然说了一句：“他的爸爸正好下个礼拜一出狱。”

她的爸爸妈妈很是一惊，没有吃饭，只紧紧地看着她。

她低着头，补充了一句：“明天我还是回去吧，他一个人在家，不会做饭，不会洗衣服，不会给小孩讲故事。”说这话的时候，她的声音似乎有点颤抖。

父亲的情人

妻子怀孕后不久，母亲便搬到了我的新居照顾她，陪同母亲一起过来的，还有父亲。

那天，由于保险丝烧掉了，整栋楼都停电了。一家人围着蜡烛说话，记得很小的时候，我就听母亲说过父亲有一个小情人，借着这个气氛，我就问了父亲这件事。谁知，父亲不但没有责备我，反而当着母亲的面，乐呵呵地向我说起了他的“风流往事”。

父亲承认他有过情人，但只有一个，不像现在社会上的人，男女关系太复杂了，爱情太复杂了，情人太多了。他与情人的故事，发生在他22岁的时候，那时，父亲在人民公社做饭，每天挣两个工分。父亲曾读过高中，由于家庭出身是“地主”，所以当时工农兵保送大学时，自然也没了他的份。父亲在食堂干活，干得是最差的活，洗菜、淘米，不像现在那么轻松，那时整个公社有好几千口人，就是靠父亲的一双手吃饭，所以那个时候，父亲的双手永远都起着白色的皱皮。

后来，公社来了一位上海的女知青，也是高中毕业的，当时在整个公社劳动人民当中，知识水平高的，也就这两位了。那名女知青被分到食堂，专门负责给公社社员打菜，一来二去，父亲就和她熟悉了。父亲了解到，那个女知青和他有着共同的爱好，就是看诗写诗。

故事说到这，我和妻子都竖起了耳朵，坐在一旁的母亲，不但没有生气，反而一直乐呵呵的。

父亲说，那时自己饭量大，每天的饭菜都不够，那个女知青对他可真好，竟然把自己的饭菜划一半到父亲的瓷缸里，开始的时候，父亲还觉得有点别扭，后来也就接受了。

再后来，每人定制的饭菜量越来越少了，最后都不够了，这个时候，那个女知青竟然想到了多排号，通过谎报数字的方式，每天多打一份饭菜让给父亲，因为女知青是负责这一块的，所以也能蒙混过关。可是不多久，就被人发现了。发现这个秘密的人，是公社第一生产大队队长的儿子，这小子暗恋女知青已久，全公社都知道，而且，队长家的公子对父亲这个知识分子一直都有成见，趁着这个机会，他想好好教训父亲一顿。于是，父亲就因为这个被拉出去批斗了，那个时候，一旦出了这种事，一辈子就背上了黑“档案”，参军、考大学、招工进城，你想都甭想。

批斗会上，上海女知青主动站出来说：“这饭是我给他的，他自己不知道情况。”

台下的人起哄：“你为什么给他？你凭什么给他？你们是什么关系？”

女知青脸红了，一声不吭。

台下的人正准备把父亲拉出去游行，这个时候，她勇敢地拦住了，当着一千多人的面，用喇叭说了一句：“我喜欢他！我们在恋爱，他不知道这事！”

父亲说，当时他耳朵“轰”的一声巨响，甚至都不知道台下社员的反应了。父亲说：“当时听到这话，我很激动，很感动。我就在想，这个女知青真是好人，要是她真肯嫁给我，我一定一辈子都好好地照顾她，疼她一辈子。为了当时这个场合，为了这番话，为了她的好。”

因为这个女知青是上海过来的，通过上面的关系，最后这事竟然不了了之。而父亲，真的开始和她大胆地约会，大胆地相爱了。

“后来呢，后来呢？你和这个情人还联系吗？她现在的情况怎么样？”

我和妻子都张大着眼睛，想知道后来故事究竟发展到哪一步。

父亲看着我笑了笑，缓慢地说道："后来，这个情人就成了你妈，就生下了你这小子。"说到这，父亲哈哈大笑。

父亲说："在这个物欲横流的社会，爱妻其实是最好的情人，如果你是真正懂得爱情。"

说到这，母亲的双眼早已一片通红。

最大公无私的爱情，便是一种旷阔的勇气，一种水乳交融的理念，一番大胆的话语，即使发生在一件普通的事上，爆发出来的爱情，也可能感动好几代的人，温暖好几代的人。

最初的梦想

她是一位农村女孩，为了帮远嫁城里的姐姐带孩子，她只身从贫穷的小山村，走进了这个陌生的城市。这一年，她才16岁。

随着时间的推移，她逐渐留恋起城市的繁华了，想着整日在田地里耕作的父母，她觉得自己的出息，便是对双亲的最好报答。为了能够在城市里生存，挣更多的钱去孝顺父母，让他们过上好日子，她想到了很多。最初，她摆起了地摊，卖起了橡皮筋、发卡、玩具等小玩意儿。1992年的春节，19岁的她，交给了父母5000元，这是她在城里摆了一年地摊的收入。对于在农村劳作一辈子的老人来说，这些钱简直是天文数字。老人很惊讶，看着父母开心的样子。她很欣慰，因为她第一次实现了自己的理想。

摆了几年的地摊，手里又有了一些积蓄。这个时候，她意识到自己年龄越来越大了，也该考虑自己的终身大事了，她想给自己找个如意郎君。可是，与城里细皮嫩肉的姑娘们相比，每天在阳光下暴晒的她，显得又黑又瘦，这样的女孩，谁会喜欢？为了给自己创造好点儿的条件，找到一个如意郎君，她决定不再风吹日晒地摆地摊了，于是，她租了一个十几平方米的门面房。生意变得更加好了，而她也变得白了许多。终于，一个很优秀的男孩走进了她的视野。最终，他们相恋了。

婚后甜美的生活，让她感到很幸福。宝宝出生后，她又感到了压力，守着十几平方米的小店，让家人过上好日子很难。正巧隔壁街道有人转让店面，她倾其所有积蓄，转包了一个近50平方米的店面，开始做起了鲜花生意。不久，生意逐渐地好了起来，收入像她脸上的笑容一样多。她感到很幸福，家人的生活水平得到了提高，她的理想再一次得到了满足。

再后来，因为家附近的学校教学质量不好，她又想把儿子送到贵族学校，那里能受到良好而系统的教育。她知道，单靠这个店面，是远远不够的。这个时候，能尽快挣到钱，把儿子送进贵族学校成了她最大的理想，她再次面临压力。不久后的一次机会，她转手又租了一个150平方米的店面，开起了女性装饰品店。因为她的商品齐全，价格优惠，为人诚实，最终，这家店面给她带来了一大笔财富。

她觉得自己的人生很满足，夫妻相亲相爱，儿子健康成长。谁知，就在儿子上小学5年级的时候，突然得了一种很怪的病，要好几十万元的手术费，这个时候，儿子的健康，是她人生中的唯一理想。为了筹钱治病，她必须拼命挣钱，甚至只有初中学历的她，租下了一个好几千平方米的商场，没有管理经验，学！没有运营成本，借！因为她口碑很好，在小城里信誉度高，加上与银行合作时间长，最终，银行贷给了她几百万元。

就是靠着这笔贷款，最终，她成了千万富翁。她叫刘玉，是安徽池州市的一名普通妇女，采访她的时候，她正和商场的工人们一起搬货。额头的汗滴，使她的人生变得更加丰满，让人钦佩不已。她说，自己并没有什么发家致富的秘诀，如果有，勤劳就是唯一的捷径。

可是我不信。我觉得她有致富秘诀，那就是不断萌生的梦想。

从最初的梦想开始，刘玉便在自己的人生中追逐奔跑。真正懂得幸福的人，并不去计较生活中的得与失，而是在意自己深爱的人能否幸福快乐。

在追逐幸福中跨越成功，有时候，也许仅有一步之遥。

27瓶黄泥咸鸭蛋

我当了20多年的狱警，每天都看到各种各样的人来探监，他们给服刑人员带的东西也是五花八门。而让我记忆最深的，是服刑人员“李大山”的母亲带来的——27瓶黄泥咸鸭蛋。

20年前的初夏，我正在值班，迎面来了一位老人。她步履蹒跚，肩上还挑着两个黑漆漆腌菜用的坛子。老人对我说，她是来看儿子的，坛子里全是黄泥腌的咸鸭蛋，“是大山平时最爱吃的”！

我知道李大山，他因为包工头拖欠工资，一怒之下，将其砍成了重伤，结果被判了4年。服刑期间，他情绪一直不稳定，很不好管理。

按规定，探视时给服刑人员送东西是允许的，但把这两个坛子送进去却有些问题。因为给服刑人员的东西必须经过严格检查，像坛坛罐罐这类东西极易成为他们的凶器，所以是不允许送入的。

“大妈，按规定这坛子是不能送到您儿子手上的。”我无奈地说。老人一听，一下子瘫在地上：“同志，求求你一定把这些咸鸭蛋带给大山，他吃了就会好好改造了。”

接着，老人给我讲了这两坛咸鸭蛋的来历——儿子入狱后，她便想着去数百里外的监狱看儿子。因为儿子最爱吃自己腌的黄泥咸鸭蛋，她就想带些过来。但她辛苦攒下的钱，全拿去赔偿医药费了。为了凑足路费，她在深秋的冷风冷雨里，赤脚赤手地到藕田里，帮人采了一个多月的藕。之后，她又上山找来最好的黄泥。等都准备好，第二年的春天她上路了，肩上挑着两个陶瓷坛子——里面存放着七八十个咸鸭蛋，外加好几斤重的潮湿黄泥巴。

她舍不得花钱坐车，就只能一路走过来。她算好日子，走到监狱大约要半个月，那时咸鸭蛋已入味，儿子就能吃了……

听完老人的话，我更犯难了，但向上级请示后，还是得到了批准：只要换个东西放咸鸭蛋，像塑料的饮料瓶，就可以送进来了。听到这个消息，老人顿时又来了精神，连忙说：“我这就去找！”马上挑起坛子，高兴地走了。

再见到老人，是一个多星期后。这次她带来了27个大大小小的饮料瓶，每个都装满了黄泥裹着的咸鸭蛋！

原来，那时的饮料瓶远不像今天随处可见，再加上监狱地处偏僻，空饮料瓶更是难找。为此，老人走到最近的一个小镇，花了好几天的时间才捡够27个瓶子，然后剪掉瓶底，装上咸鸭蛋。

经过一系列繁杂的检查，等老人走后，咸鸭蛋才交到大山手上。当看到那花花绿绿的饮料瓶，听完我的讲述后，他再也控制不住情绪，朝着母亲离去的方向扑通跪下，大声哭喊道：“妈，我一定好好改造，争取早日出去！”

老人临走时还让我给大山带句话：“好好改造，妈还会再来送黄泥咸鸭蛋。”

“响尾蛇”之死

“响尾蛇”导弹是美国研制的世界上第一种被动式红外制导空对空导弹。

朝鲜战争中，美国人把“响尾蛇”导弹亮出来，用它偷偷地对中国的战机下黑手。

若是以往，志愿军空军飞行员做几个高难度俯冲、滚翻等动作，就可以摆脱对方的防空导弹。

这回不同了，无论战机做多少高难度动作，也始终被“响尾蛇”导弹死死咬住，实在没办法，最后只得弃机跳伞。

几个回合下来，中国空军损失了好几架飞机，军方下令有关部门要搞到“响尾蛇”导弹的样品及资料，但是美国人看得很紧，有关部门费尽周折也没办法搞到样品，更无从知道该导弹的工作原理。

美国人因此很是得意，“只要中国的飞机有发动机，我们的‘响尾蛇’导弹就能搞定你！”

这话一传出来，一语惊醒梦中人，中国专家立即想到了可能要从自然界中的响尾蛇身上找答案。响尾蛇能在伸手不见五指的黑夜准确无误地捕捉到它的食物，原因就在于响尾蛇有个很特殊的“热眼”。

响尾蛇的热眼非常灵敏，温度变化即使只有1%，它也能分辨出来。因此，小动物虽然只发出与地面、草丛不同的红外线，响尾蛇依然可以通过自己那灵敏的红外线探测器，准确无误地确定小动物的位置，然后捕食之。

专家分析后认为，美国的“响尾蛇”导弹，可能正是根据响尾蛇的“热眼”原理，用对热极其敏感的半导体元件制成了“人造热眼”，然后安装在导弹上，当导弹从飞机上发射以后，“人造热眼”紧盯着高温目标——飞机的喷火口，导弹跟踪追击，就能准确无误地击中所欲攻击的目标。

某个阳光明媚的下午，中国空军的战机又出动了。对方看到这个诱饵战机很高兴，不假思索地又发射了“响尾蛇”导弹。

不过这次，志愿军的战机没有做高难度滚翻动作来摆脱导弹追击，而是慢腾腾地转身，对准太阳的方向飞去，“响尾蛇”导弹也紧跟在战机后面，向着太阳的方向飞去。

飞行员看到“响尾蛇”跟了上来，马上熄灭了发动机，迅速降低飞行高度，可是美方的响尾蛇导弹还是傻傻地向着太阳的方向飞去，那个发热很厉害的太阳成了它追击的目标，追到后来，它追成了夸父，一头栽到了鸭绿江里。

等从鸭绿江底捞起那条死去的“响尾蛇”后，时隔不久，中国就有了震惊世界、青出于蓝的“蚕式”红外线寻热导弹。

不同的是，中国的“蚕式”红外线寻热导弹，成功地解决了美国“响尾蛇”导弹不能分辨热源的问题。它采用了新一代红外线导引头，能清楚地分辨出所攻击的目标是人工热源还是自然热源。

世间万物，相生相克。只要有了传说中的“常山之蛇”的灵活多变，就没有解不开的结、过不去的坎。

把洗衣机放到街头上去

阿贝尔·米奇在宝洁公司新加坡分公司当营销副总经理已经有7年之久，公司高强度大压力的工作，严格不变的营销思维框架，以及固定的底薪和自己永远无法控制的年终奖，逐渐让阿贝尔感到非常疲惫和不满，他开始萌生出离开宝洁，自己独立创业的念头。

2008年的3月，阿贝尔趁休假的空当来到印度旅游散心，在加罗尔的一条河边，阿贝尔无意间发现一个现象——河边每天都有许多妇女在洗衣服，这让他感到非常奇怪："为什么她们不在家里用洗衣机洗？那样既省事又干净。"上去一问才知道，这些妇女并不是替自己或家人在洗，而是专门帮人洗衣服的洗衣工。原来，由于价格和电力等方面的原因，在整个印度只有不到6%的家庭拥有洗衣机。而剩下的94%的家庭，则要么在家里自己用手洗，要么付钱让外面的洗衣工来洗。

阿贝尔觉得这真是一个很奇怪很另类的做法，他敏锐地觉得这里面一定大有商机可寻，于是便对洗衣工洗衣的方式和过程展开了进一步的了解。原来，洗衣工把顾客的衣服拿走后，在附近的河里面洗洗涮涮，在石头上用棒槌捶打一番，然后再挂起来晾干，整个过程需要3～7天的时间，因此每件衣服大约在10天后才能归还。

除了归还得不及时外，阿贝尔还发现一个问题，那就是洗得不是很干净。而且常常容易把一些好衣服弄皱甚至捶坏，搞得纠纷和不满不断。

"把衣服交给洗衣工洗的这些不足，不正是自己创业的绝好机会吗？"

阿贝尔兴奋不已，立即向宝洁公司递交了辞职书，然后便迅速地投入到独自创业的忙碌中去了，他的创业项目便是，在印度的街头设立一个“流动洗衣”摊点，用现代化的洗衣机帮顾客洗衣！

阿贝尔在一辆货车的后面安装了好几台洗衣机，然后停在加罗尔的一个街角，所有的成本加起来只有区区5000美元。流动洗衣摊点做出的承诺是，从顾客那里收来脏衣服到干净如新地将其交还，中间的间隔不是10天，也不是一周或两三天，而是4小时！

如果愿意付出双倍的价格，则洗好的衣服还可以被熨烫好，丝毫不会有半点褶皱和损伤。而且不同的衣服都是采取不同的洗涤方式，绝不会出现一机洗的“大搅拌”！

阿贝尔的这个流动洗衣摊点的生意会怎么样呢？答案是出乎意料得好！现在阿贝尔已经在加罗尔、孟买、新德里等21处拥有了流动洗衣连锁摊点——仅在2011年就清洗了120000公斤的衣服，年收入近500万美元，而且近70%都来自老客户，生意相当稳定！

哪里有发现哪里就会有财富，解决顾客的不满，往往是一个新产业诞生和兴盛的最初动力。

变短为长

在举世瞩目的四川汶川大地震中，我国自主研制的“北斗一号”卫星导航系统在抗震救灾中发挥了重要作用。救灾部队携带的“北斗一号”终端机不断从前线发回各类灾情报告，为指挥部指挥抗震救灾提供了重要的信息支援。

震灾发生后，由于灾区偏远，而且地处山区地势复杂，部队配发的普通军用电台无法远距离通信。而便携式卫星通信系统本来装备的数量就比较少，一时也来不及调运。出于这样那样的原因，在这次参与抗灾的部队里使用得不太多，当时，第一批前往汶川的应急小分队里也没有装备。

为尽快恢复与灾区的联系，中国卫星导航定位应用管理中心紧急调拨了1000台“北斗一号”终端机配备给一线救援部队，实现了各点位之间、点位与北京之间的直线联络。在灾区通信没有完全修复、信息传送不畅的情况下，各救援部队利用“北斗一号”及时准确地将各种信息发回，发挥了巨大作用。

本来，国内外许多专家都认为：国产“北斗一号”卫星定位导航系统跟美国的GPS系统比，从原理到性能都有着巨大的差距。跟GPS定位接收机的无源工作方式和全球覆盖范围相比，“北斗一号”仅能覆盖我国以及周边区域，而且用户机必须主动向卫星发射信号。这不仅在体积、重量和功耗方面吃亏很大，而且失去了无线电隐蔽性，这对军事用户无疑是个巨大的缺点。

此外，用户的位置是必须由地面中心解算后再传回给用户的，这样一来，如果主控站被毁后“北斗一号”系统将瘫痪，而且这种方式由于各种数据信号在用户、卫星、主控站之间来回传递，时间上的延误造成该系统的定位精度偏低，无法跟GPS系统相比。为了改变这种状况，我们正在筹建“北斗二号”系统，以期从根本上解决这些技术问题。

不过，在这次救灾过程中，“北斗一号”由中心控制站解算位置的特性，却使外界可以跟踪使用该系统的部队位置及行踪。该系统因需主动向卫星发射信号而附带的可发送40字短信的功能更利于部队和上级指挥机关之间的互相联络，可随时报告最新情况并接收命令。在抗震救灾的那些日子里，该系统的独特性得到了专家的认可。

“北斗二号”在原理及技术上更先进了，没有了上述的缺点。但这两个平时看来不太起眼、关键时刻却发挥了巨大作用的“小优点”也没有了。看来“北斗一号”并不像许多人以前想象的那样不堪。就算今后“北斗二号”系统建成了，“北斗一号”还会在相当长的一段时间内利用自身独特的优势，在民用领域内继续发挥作用。

凡事无绝对。有时无法回避的缺陷，也可以转化成出色的优势，闪烁出别样的光芒。

戴镣铐跳舞

那年夏天，我结束了六年的“京漂”生活，任由火车把我一家从两千多里以外的北国载回，吐在皖东一个小城的车站上。从此，我就像一个句号一样停泊在这个城市的边缘。

回来后，我别无长技，虽说年龄不大，可像我这样的人在我们这个小城市想找到一个好工作，比登天还难。没办法，只好先在一家报社混口饭吃。本以为有了几年在外面工作的经验，做这份工作应该不会有多大问题。

可是，等我一旦进入了角色，就发现要做好这份工作不是件容易的事。小城市的人际关系太难相处了。常常，我做的事情上面满意了，同事却不高兴；同事认可了，上面却不以为然。

我这人平时做事又很讲究原则性。在那段时间，总觉得这里面的规矩太复杂了，要想做到左右逢源，上下兼顾，实在是太难了。

可眼下这份工作跟我一家吃饭问题有关，兹事体大，不可怠慢。为了此事，我日思夜想，却不得其所。

有一天，一位好友听说我回来了，便来我处探望。寒暄过后，他就询问我目前的状况。多年的老朋友，对他也不必隐瞒，我就把工作不顺的事情和盘托出。

他听后哈哈一笑："就知道你老毛病又犯了！做人当然不能没有原则性，但也不能没有灵活性。不然，就很难在这个社会上立足。一个好厨子，不仅要把菜烧得色、香、味俱全，最重要的是要符合对方的口味才行。你整天按你自己的想法办事，不懂得在规则限定的范围内发挥自己，当然左右为难了。"

听他一席话，我似乎若有所悟，但还是有疑虑："'在规则限定的范围内发挥自己'，这太难吧？"听我这样说，朋友笑了："有个故事，对现在的你可能有启迪，清代有一个形意拳大师叫郭云深，此人武艺出众，最拿手的功夫叫'顺步崩拳'，出道不久就声名大振。有一次，他打抱不平，出手打死了一个恶人，入了监狱。

"他是重刑犯，他必须整天戴着镣铐。虽被困监狱，但他是武痴，每天在牢房里仍习武不辍。由于身上有镣铐，施展不开，手和脚也只能伸到平时的一半，只能进半部，跟半部。即便如此，他仍不想放弃。整日冥思苦想，最终他发明了'半步崩拳'。虽然他手脚出击的长度只有平时的一半，但这种拳脚的威力却比他原先练的'顺步崩拳'要厉害得多。

"所谓'半步崩拳'就是前足踩进一步，后足蹬地跟至前足之后，前手高举过头以破坏对方间架，后手则随之如离弦之箭冲向前方击打对手。他朝夕苦练，每日必操万遍。经多年练习，他的半步崩拳已达登峰造极之境。出狱后，就凭着在狱中所创造的这套新拳法，他打遍天下无敌手。"

都是相交莫逆的朋友，他话中之意我自然明白，于是笑道："我明白你的意思了！生活中的某些规矩就像镣铐一样，时时束缚我们的手脚，但只要能充分发挥自己的主观能动性，同样可以化被动为主动，在保持自己的原则与风格的前提下，进行转化性创造。对不对？”朋友含笑称是。后来按照朋友的话去做，我的工作很快顺风顺水了。

生活中，有些既定的事情我们根本无法回避，只有学会“戴着镣铐跳舞”的本领，才能让自己的生活跳得出彩、舞得潇洒，活出一种全新的境界来。

突然飞来的蜜蜂

斯马特和父亲一起生活在得克萨斯州的一座大山里。这里人烟稀少，一年到头很少能见到什么人。但斯马特一点都不觉得孤单和无聊，因为有父亲时刻陪伴左右，他们在山坡上种满了各种蔬菜、瓜果等农作物。

每天，斯马特都在父亲的带领下，给蔬菜施肥，为瓜果除草。到了秋天，家里会堆满丰收的果实。吃不完的，父子俩便将它们拉到邻镇上去卖，然后再换些生活用品。

两人一起充实、快乐地生活了近30年，直到有一天，父亲被查出患有胃癌，而且是晚期。病魔疯狂地开始侵蚀他的身体，父亲知道自己的日子不多了，便把斯马特叫到跟前，递给他一个小本子：“今后爸爸恐怕再也不能陪你一起干活了，我把每个季节该种哪些作物以及种子的播种分量都写在上面了，你只要按照上面写的做就行了，爸爸会在不远处看着你的好收成。”一周后，父亲便去世了。

很快，又到了播种的季节，斯马特按照父亲本子上交代的开始播种。但等农作物开花时，他遇到了一个难题：父亲没告诉他如何人工授粉，自己以前跟他学了好多次，但都没学会。

不给农作物人工授粉，就意味着它们只会开花无法结果。就在斯马特无比失落、对这年的收成不抱任何希望时，一天早上，他突然发现山坡上来了许多蜜蜂和蝴蝶，它们围着瓜果花儿忙个不停，正在授粉呢！

看到这一幕，斯马特高兴得几乎要跳起来，他觉得这是父亲在冥冥之中保佑自己，因为这里以前从没有过蜜蜂和蝴蝶。他很好奇这些蜜蜂到底是从哪来的，于是便跟着它们来到半山腰，竟看到了一排排、一箱箱的蜂房——原来有人在这里养蜂。一个年老的养蜂人正在蜂房旁收集蜂蜜。

斯马特来到这个人的面前，问："您怎么会想到来这养蜂，这里可偏僻得很！"

"可不是吗？酿出来的蜂蜜都很难运出去卖掉！"养蜂人停下手中的活，抬起头看了一眼斯马特。

"那您为何不离开这里？"

"那可不行，我答应过一个人，至少要在这儿养3年的蜂，而且期满临走时还要留几箱蜜蜂在这儿。"

还没等斯马特继续问，养蜂人便向他讲起了故事："一年前，一个患了绝症的老人找到我，让我来这里养蜂。刚开始我还不愿意，但他说死后会将自己的眼角膜捐献给我。你也许不知道，我以前有一只眼睛被蜜蜂蜇坏了，因为没钱换眼角膜，失明好多年……"

斯马特霎时泪如雨下，他终于明白父亲生前为什么会委托医院将自己的眼角膜捐献出去。是的，父亲总是帮斯马特打理好一切：作为一个患有轻度自闭症且智商低下的孩子，父亲为了不让他受外界的歧视，带着他来到这个蜜蜂都不愿来的偏远山区。就连到死也不忘为他安排好一件重要的后事——替他招来蜂，引来蝶。

传递温度的薄木板

2007年9月的第二个星期二，位于美国纽约州华尔街独立大厦52层办公大楼里的圣·菲克勒拍卖行，举行了一场艺术品拍卖会，作为美国最大的艺术品拍卖行之一，像这样的拍卖活动，圣·菲克勒拍卖行每周都会举行好几次。

本次拍卖会，最令人意外的，是一件拍卖价高达529万美元的艺术品。其实，与其说是艺术品，倒不如说是灾难的浓缩——那是7年前的9月，恐怖分子制造的“9·11”事件中，坍塌的双子大厦里找到的一块薄木板，不同的是，这块木板的双侧都有着印记。那是一对母子，临终前爱的痕迹。

道·琼斯是美国俄亥俄州立大学的一名应届毕业生，8岁那年，他的父母就双双去世了。从此，道·琼斯就生活在一片阴影之中，他的性格也变得孤僻起来，并且曾一度患过自闭症。好心的邻居詹姆斯太太收养了他，并给予关爱和温暖。2008年7月，道·琼斯从俄亥俄州立大学行政经济管理专业毕业，并进入了双子大厦的一家出口贸易公司。9月11日是他上班的第一天，为了给道·琼斯充分的自信和关爱，詹姆斯太太特意陪着养子坐班，要知道，在詹姆斯太太的眼里，道·琼斯是多么的内向、柔弱和缺乏自信，而年过花甲的詹姆斯太太，是多么希望道·琼斯能够做一个真正的男子汉。

上午9点20分左右，大楼里一片嘈杂，待詹姆斯太太发现人群混乱的原因时，大楼开始坍塌。同一时刻，想拉着道·琼斯的手逃出去已经不可能了。因为坍塌的顶楼把他们母子隔开了，并且他们都受了很重的伤。他们唯一知道的，就是对方的大概位置，只是可惜，被楼顶的防火天花木板隔开了。他们甚至连划破薄木板的力气都没有。但他们仍然努力着。

27个小时后，消防队员从废墟里挖出了死亡多时的他们，并且还发现了一块木板，木板之上，除了抓痕，双侧都还有字，正面是道·琼斯写的几个颤抖的字——妈妈，我好怕！妈妈，我爱你！而背面，则是詹姆斯太太用彩笔写的——亲爱的，主与我们同在，天堂里，妈妈依然爱你。那支彩笔，是詹姆斯太太55岁生日时，道·琼斯送给她的，时光飞逝，笔迹就像母爱一样不曾褪色。并且把这份爱，清晰地记录在这场灾难里，记录在被火烧过的木板之上。

故事到这里并没有结束。这块木板以及这段爱的故事，被美国上百家新闻媒体纷纷报道。而以数百万美元天价购买这块木板的，则是靠走私枪支武器和毒品发家的人。据说，当初他购买下这块木板的时候，曾受到许多人的谴责，认为他不配购买这段真爱的见证。可是，谁叫他有钱呢？谁叫他价格开得高呢？

令人大跌眼镜的是，居然是一年后的一天。可能是巧合吧，2008年9月11日，这天美国部分沿海州刮起了龙卷风。据说在办公室悠闲地抽着雪茄的他，突然接到了远在新西西里州老家母亲的电话。他的母亲双眼失明，是一名皈依佛教的人。与母亲通电话的时候，办公桌上的那块木板突然掉了下来，砸到了他的脚上，“亲爱的，主与我们同在，天堂里，妈妈依然爱你”几个字赫然映入他的眼球。那一刻，他怦然心动。

一夜之间，他成了一个善人，变卖家产、办孤儿院、成立爱心医院、设立母爱基金会……一系列的动作，让人觉得可理解而不可思议。他的故事，也随着木板而变得传奇和动人。

其实，在爱与爱之间，没有什么不可以，也没有什么不可能。即使是一瞬间的触动心扉，也会触动我们心灵深处那颗沉睡的爱心，让爱在轮回中延续，让人变得伟岸而挺立。

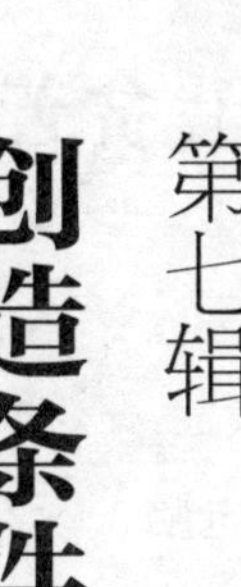

第七辑 创造条件 摘到苹果

上帝说：我们可能摘不到高高在上的苹果，但我们可以找个理由去接近它、观察它，我们每走近一步，便会闻到苹果的一次芳香。走近、走近、再走近，对你来说都是一次成功。很多时候，在你努力前进的同时，你会收到突然的惊喜——苹果熟透了，然后突然跌落在你的掌心。

我贫苦，但我并不贫困

在这所手机电脑处处现身的大学校园里，我算是最贫苦的一族了。没有电脑，没有手机，没有每月固定的生活费。甚至，在我刚进这所学校的时候，我连室友们常挂在嘴边的“美特斯·邦威”“以纯”“贵人鸟”都不知道是什么东西。可是我知道，我贫苦，但我并不是真的贫困。

班上常有学校里下的“贫困生补助”名额，我从不争取。尽管很多时候我不得不为自己下个月的生活费而竭尽全力地奋斗着。甚至有时候，看着那些腰上别着手机，脚上穿着“贵人鸟”的学生，争着抢着去要那几个有限的“贫困生”名额，我的心里一阵阵寒战，从心底同情起他们——比起我来，他们真的是群贫困生了。

我从不向家里多要一分钱，甚至很多时候我都在想——自己一个四肢健全、身体健康的大男人，凭什么还要从年迈的父母手上接过那家里仅有的一点血汗钱呢？

很庆幸，我有一副健壮的体魄，使我在这贫苦的日子里有着坚强的后盾，做家教、拉广告、写稿子的收入成为我日常生活费中的一部分。我知道，只有这样，我才不会贫困，不仅仅是物质上，更是精神上的。

记得一位伟人曾经说过，最能催人奋发成长的路，也便是充满荆棘泥泞的路。很多时候，我都坐在空荡荡的教室里，看着那自己刚写好的稿子，低头感叹着：这满纸的字，不就是我充实生活的很好力证吗？这满手的墨渍，不就是我精神富有的象征吗？

很庆幸，我的字在很多情况下都能变成铅字，变成我的生活费，变成我的自信心与动力。最多的一次，在《演讲与口才》下半月版上一期发了3篇大稿子，杂志编辑打电话祝贺道："有才，这次你又富裕了一回！"我笑着回答道："其实，从我有动笔写作挣生活费念头的那一刻起，我就已经变得非常富有了。"

我从不向别人炫耀自己什么，甚至，报纸杂志上出现的"文/冯有才"就是我，我的好多朋友都不知道。不是我不想说，我知道，生活中的炫耀和满足，不但不能使我富有，相反，还会很容易使我成为一个时常翘首回头的可怜虫。只有自己下定决心，埋头耕耘，才能让自己有着永远的斗志，竭尽全力地走向前方，走向自信，走向富有。

这个世界，只要没有永远的精神贫困，就绝对不会有永远的物质匮乏。

创造理由，摘到苹果

大专毕业前的半年，学校组织我们在一所法院实习。

法院的旁边是家报社，因为热爱文字，所以我也刻意地制造机会接近报社，比如投稿、提供新闻线索。我的目标也很明确：希望自己毕业后能在这家报社上班。我也知道，这很不现实，因为据我所知，这家报社只接受本科生，并且大部分都是重点大学的毕业生。竞争相当激烈，我想，只要我仍在报社旁边的法院实习一天，我就努力多给自己一天的机会。

3个月后，报社记者部和编辑部的很多人都熟悉我了，知道有一个热心投稿、热心提供新闻线索的年轻人了。而我，也在这极短的时间里，基本上熟悉了报社工作的大致流程，我和报社的记者、编辑的关系都很不错。他们私下里告诉我，报社过几个月可能要进人，听到这，我的心中一阵窃喜。下一步，我想该如何去接近报社的高层了。

不久我发现，报社的许总编很喜欢钓鱼。尤其是一到周末，他就会独自骑个自行车，来到护城河边，安静地钓鱼。得知这一信息，我的心中一阵高兴，尽管我不喜欢钓鱼，以后的一个月里，护城河边，有一个50多岁的老人和一个20多岁的年轻人，每到周末，就会准时来到这里钓鱼。

慢慢地，许总编也开始注意到了我，一次两次，最后我们聊上了，有一次他很突然地问我："小伙子，你也喜欢钓鱼？"

"不太喜欢。"我如实回答道。

"那你为什么还要每周坚持来钓鱼？"

"我在给自己机会。"

"什么机会？"他很感兴趣。

"接近你的机会。"

"为什么？"我的话似乎钓起了他的兴趣。

"我想让你从认识我，到了解我，再到熟识我。因为我知道，你们报社过段时间可能要招聘新人，我想让你给我这个大专生一次公平参加考试的机会，我仅仅只需要这个机会。仅此而已！"说到这，我激动起来。

许总编低下了头，沉默了许久，才开口道："一个月后，你再来报社找我。"

果然，一个月后，我在报纸上看到了招聘启事，是他们报社招聘两名副刊编辑的启事。依照他当初的话，我到报社找到了他，他开给了我一张便笺。然后凭着这张便笺，我顺利地报了名。

先是笔试，96人参加的考试，我考了第四名。然后是面试，是许总编亲自组织主持的，他也是主考官。对于他，我并不陌生，甚至我心里还暗自高兴。

他问我：“如果你是副刊编辑，我给篇稿子给你，你发不发？”

“发！因为我相信许总编您挑中的稿子一定是有质量保证的。”

“如果文章非常差，错漏百出呢？”

“发！因为我会用我的文笔，把文章细心修改润色的。”

“如果我要你尊重作者，不准修改呢？”许总编穷追不舍。

“发！不过我会在文章的醒目位置，再加上一个栏目小标题——‘短文改错’。”

那一刻，许总编笑了笑：“你很狡猾！”

我笑着回答他：“不是我狡猾，是我十分想得到这份工作。在这过程中，我一直都是在给自己制造理由，创造机会的。投稿、提供新闻线索给报社，我是在熟悉报社的工作环境，同时也是在给自己找线索，让自己及时地了解到报社的用人信息。制造钓鱼的机会接近你，我是让自己熟悉你，知道你是一个爱才的领导，同时我也让你了解我，我的确是有用之才，的确能胜任报社的工作。”

那一刻，我看到了许总编的点头微笑，我也知道，自己赢得了机会，赢得了面试。事实证明，我是报社五年来唯一招聘进来的大专生。

上帝说：我们可能摘不到高高在上的苹果，但我们可以找个理由去接近它、观察它，我们每走近一步，便会闻到苹果的一次芳香。走近走近再走近，对你来说都是一次成功。很多时候，在你努力前进的同时，你会有着突然的惊喜——苹果熟透了，然后突然跌落在你的掌心。

学会给自己制造理由，这是一种积极的心态，更是一次毅力的考验。

把理想先放一放

那个炎热的夏天，大专刚毕业的我怀里揣着自己发表过的近20万字的作品，奔波于各大杂志社之间。因为从爱上写字的那一天起，我就已经将编辑这一职业摆在了我理想的精神圣地。

对于我以及我的作品，杂志社的老总们总是很和蔼地点了点头，然后又很无奈地摇了摇头。我明白他们的意思：点头，是因为他们对我的肯定；摇头，是表示他们杂志社的人数已经饱和了，对于我以及我的理想，一时之间他们恐怕爱莫能助。看着他们如此重复的动作，我很是沮丧，但是，我从未怀疑过自己的能力，怀疑过自己理想的实现度。因为我知道，有时候，好的机遇其实会比好的能力显得更为重要。

一段时间后，情况并没有好转，面对逐渐羞涩的口袋以及自己一时无法实现的理想，我知道，此刻，该是让我放下理想的时候了，因为这个不济的时机。但放手绝不等同于放弃，待到时机成熟，我会再次拎起早时放下的理想，跨步前行。

一周后，我应聘进了一家广告公司，此时的我，在做好手里工作的同时，仍留心着、尝试着，紧盯着杂志社的大门。因为我知道，放下理想，并非是要丢弃理想，而是为了更好地寻找时机。

11个月后，省城的一家杂志社招聘两名编辑，面对众多的应聘者，杂志社的老总仍能一眼就认出我。然后拍了拍我的肩膀，告诉我道："小伙子，就凭你能够将理想守住了一年多，就凭你的耐性与毅力，我们要定你了！"

那一刻，我知道，我终于可以拎起自己的理想跨步前行了。

生活中，我们经常会远离自己的理想，其实在很多时候，并非是由于我们的自身原因，更多的是，因为那个不济的机遇。其实有时候，我们只要将理想稍稍放一放手，让自己一边成熟，一边守候，那么，我们守候的就不仅仅只是自己的理想了，更是一次毅力的挑战，一段韧性的守候，一番能让自己瞬时拎起理想而跨步飞奔的机遇了。

精彩的转身

有一位学者，多年来一直精研古典诗词，在学术上也颇有建树。

可是，这些年来，有一个问题一直困扰着他：宋祁那句“红杏枝头春意闹”的名句，前贤虽然有过诸多解释，但他总觉得没有说到点子上。不过呢，他本人也一直没有找到最令人信服的答案。

但什么样的解释最能切合事实与本源呢？他翻阅大量的资料，苦思无果后，这位学者决定避开人文学术角度，试着从其他的角度出发，去寻找出一个令人信服的答案。

有一天，这位学者无意中看到一幅名为《远去的牛群》的油画，画的近处是一对身着少数民族红色服饰的母女，画的远处是一群吃草或走路的牛群。

这位学者仔细观摩这幅画后，他发现了一个秘密：为何从整个画面上看起来，那对穿着红色服饰的母女离自己是如此之近，而那些黑色的牛群看起来为何离自己是如此之远呢？

为此，他特意询问了自己的一位画家朋友。

朋友告诉他：画面之所以会产生这样的视觉效果，全因为油画色彩的调配作用。问题就在于那对母女身上的服饰的颜色是红色的，而那些牛身上的颜色是黑色的。在视觉中，红色是一种暖色，是波长较长的色彩；而黑色是一种冷色，是波长较短的色彩。

因此，红色在感觉上就有一种向眼前逼近的趋势，而黑色在感觉上则有一种向远处退缩的趋势，此消彼长，对比之下，就形成了这样的一种视觉冲击力：那对母女离我们很近，而那些牛群离我们很远。于是，我们就看到了画卷所题的《远去的牛群》。

由此及彼，这位学者恍然大悟：原来，在我们的视野中，由许多密集绿色杏叶组成的整个背景是冷色调的，它们呈向远处退缩之势；而许多红杏组成的背景是暖色调的，从而，人们在视觉上形成了许多红杏奔向眼前的效果。

于是，在人们的视野中就出现了众多的红杏在枝头上闹春的情景。这种情形就像许多个身着红衣“闹春”的孩子，他们互相挤在一起，时合时分，相互戏谑，彼此打闹。这种闹，是天真的童趣、是正月里的春意、是儿童的无拘。

因此，一句“红杏枝头春意闹”，便写出了春天的欢腾，写出了春天的温暖，写出了春天的艳丽，传递出了千古的风情。

有时，思维的一次精彩转身，可以让事物的本来面目顺其自然地浮出隐身已久的水面。

猎手与猎物

在南美洲的原始森林中，生活着一种名叫“红玫瑰”的蜘蛛。它浑身毛茸茸的，平时爱躲在泥洞里，以昆虫为主要食物。成年后，它身长7.5～10厘米，由于它的样子很可爱，因此它成了目前最受欢迎的宠物蜘蛛。

这种红玫瑰蜘蛛在成年之前，有几件谋生的技能是它们必须要学会的，捕捉蚊子、苍蝇、小甲壳虫等小动物作为它们的生存食物。但是，在成为成年的蜘蛛之前，它还有最后一堂必修课要上。

这最后一堂课，也是至关重要的一堂课：如何捕捉赤眼蜂。这种赤眼蜂，是红玫瑰蜘蛛生儿育女时最有营养的食物。

成年的红玫瑰蜘蛛必须要学会捕捉赤眼蜂，它才能真正算得上“毕业”。过了这一关，它可以更好地完成繁殖下一代的任务。

为了能通过这次考核，它会在赤眼蜂进出的必经之处精心编织一张大网，并把最后的网绳缠在一棵大树上。这张网织成后，它就隐藏在大树的背后，静静地观察着网上与周围的动静。

一般情况下，它会选择向刚成年的赤眼蜂下手。因为这样的赤眼蜂还没有多少生活经验，比较莽撞，很少注意到自己的家门口会伏有一张蜘蛛网。

等到这种赤眼蜂撞进蜘蛛网后，它才意识到有危险，那一刻它开始拼命挣扎。这时，红玫瑰蜘蛛会快捷地蹿到那只赤眼蜂的身边。可它并没有立即去捕捉眼前的猎物，而是快速从嘴里又吐出一些新丝，在那只赤眼蜂的身上缠了许多道。随即，它又快捷地退回原地。

它在等待那只赤眼蜂力竭之时再下手。这种赤眼蜂，既是红玫瑰蜘蛛的猎物，也是红玫瑰蜘蛛的天敌。它体大力壮，尾部长着一根锋利的毒针。所以，得先给它多缠上几道绳索，让它很难逃脱掉，然后再伺机下手。

红玫瑰蜘蛛知道，过早动手是危险的。赤眼蜂那时正垂死挣扎，若是强行去捕捉它，弄不好反会死在它的毒针下，虽然它身体被困了可它毒针的杀伤力却一点也没有减少。在这种情形下，由于盲目冒进而死在赤眼蜂毒针下的红玫瑰蜘蛛也不知有多少！

撞在网上的赤眼蜂挣扎的力气会越来越弱，这时，红玫瑰蜘蛛小心翼翼地绕过赤眼蜂尾部的毒针，再吐丝把它捆紧，看准了咬死它，然后就开始享受自己的战利品。

有意思的是，红玫瑰蜘蛛因此也经常会遇到这样的危险：当它享受猎物后安逸地躺在自己的网床上休息而不加防备时，同样会被赤眼蜂悄悄偷袭，一不小心就会成了对方的下酒菜。

这种互为天敌的食物链，让人们在感慨的同时也会心有所思。细想来，人生也不免于此：在生活这张“网”上，拥有智慧坚忍的进取心，一个人就有可能成为“网上的猎手”；一味地贪图安逸，一个人也有可能成为“网上的猎物”。

罗丹的雕像

当巴齐尔把初出茅庐的罗丹介绍给八十岁的法国著名浪漫主义诗人、作家维克多·雨果时，罗丹立即被雨果那充满激情的脸庞、深深凹陷着的眼睛、微笑着的嘴唇以及那布满着皱纹的面容所迷住了。

他立刻有了为雨果塑像的冲动。他按捺不住这种冲动，冒昧地向雨果提出了这个请求。

遗憾的是，雨果正被一个叫维林的平庸雕塑家所困扰，这个雕塑家为了要做一座雨果的半身像，竟然让雨果整整坐了三十八次。

当罗丹鼓足勇气表示自己也想替这位《冥想者》的作者塑像时，雨果皱起了双眉："我不能阻止你的工作，但我要告诉你，叫我一动不动地坐着可不行了。我不能为你改变任何习惯。你要怎么处理随你的便吧！"

得到了雨果的首肯，罗丹先用铅笔画了无数速写，以利后来的塑造工作。然后，他带上雕塑用的桌板与泥土来到了雨果的家。

但是，他只能把这些东西放在一间玻璃房里。雨果照旧要在客厅里会客，他不能影响他的生活，只能从不远处打量与用心观察这位伟大的诗人。

他试着把雨果的形象印在他的记忆中，然后急忙回到玻璃房里，把所见固定在泥土上。他来回跑动时，他的印象不免会减弱了，以致来到桌板前，简直还没动一下雕塑刀，他又决然返回。

可雨果苛求的条件对别人或许是个难题，对罗丹却不一定。他的塑像手法跟他同行不一样：他们通常只会吩咐模特儿做出这样那样的姿态，全凭自己的意思，像摆布有关节的木头人一样；而罗丹恰恰相反，他总是等模特儿做出有意思的姿态，然后把这姿态塑出来。

经过了一个月的努力，罗丹用胶泥塑成了两个粗糙的雨果头像。他的《维克多·雨果》聚精会神地思索着，头额凹得奇怪，火山似的，狂涛似的头发，好像在脑盖上喷射着白色的火焰。这简直就是深刻而激动的抒情诗的人格化。

雨果满意地笑了："我不得不承认，罗丹先生，你把我的思想定格在塑像中了！"

世间有一种低级的精确，那就是照相和翻模的精确。它只满足于形似到乱真，拘泥于微小的细节。这种手法，永远无法造就真正的大师，只会临摹自然的人，也成不了真正的大师。

大师，之所以能够成为大师，正在于他有发现美的眼光和用独特方式创造美的手法。

麦克阿瑟的满分

美国的西点军校军纪严明，考核严格，一贯以“魔鬼训练营”著称。在这所名噪一时的著名学府，有一个很有意思的考试项目却一直鲜为人知。

这个学校有个规定：每个毕业生在毕业前夕都要经过这样的一项测验，在空旷地带挖一个深洞，里面安置一个高四米、直径为两米的金属圆桶，其内壁光滑无比。受训之人被放进这个圆桶之中，给他一夜的时间从桶里出来，如果不能通过这项考核，受试者不仅考试成绩算零分，还将会无一例外地受到一种处罚，被人从上面抛泥土盖顶，埋至半腰深。

自从这个项目设置以来，几乎每个西点军校的毕业生都不能如愿地顺利走出这个圆桶，所以，他们在这个项目上的成绩无一例外都是零分。这个零分的纪录一直保持着，直到一个年轻人的出现，才终结了这个无人打破的纪录。

这个年轻人在毕业考试时，同样也经历了这个非常训练。当他像别人一样被放置在这个内壁光滑的金属圆桶之内时，与别人不同的是：他是一贯喜欢思考的人，面对这个金属圆桶，他就动起了脑筋：既然设置了这个训练，它充其量也只是一个难题而已，肯定能打破。不然，设立这样一个项目毫无意义。

可是，面对这个没有任何着力点的金属圆桶，人高马大的他同样也没有办法超越生理上的极限，根本不能空手从这只金属圆桶里脱困而出。他在这只桶里待了整整一夜。

第二天，主考官见到他与以前的那些被考核者一样仍然无法走出圆桶，就让手下的士兵向金属圆桶里抛掷泥土。这时，刚刚还很平静的他立刻站了起来，他并没有像别人一样等着泥土抛洒的惩罚，而是左右闪动身体，并迅速地把那些泥土踏在脚下。

不一会儿，一种出人意料的情景出现了：那些抛下的泥土在他的精心堆积下，竟成了一个越来越高的土堆。

随着上面抛洒的泥土越来越多，他脚下的土堆也越积越高。终于，他站在那个土堆上，双手搭在金属圆桶的边沿上，他成功地脱困了。当他翻身站立在金属圆桶之外时，主考官走上去握着他的手祝贺说："恭喜你！你在这项考核中获得了满分。"

原来，作为一个人，若是不借助工具的话，是根本无法直接从那个内壁光滑的金属圆桶中脱困的。所以，上面抛洒下来的泥土就是唯一的工具，就看应试者能否把握住这一点。

那一年，他——道格拉斯·麦克阿瑟以98.14分的总平均积分毕业于西点军校。据说这是西点军校25年来的毕业学员中分数最高的。

人生中难免会遇到类似于此的困境，坐以待毙只是懦夫的不争行径。唯有智慧而积极地因地制宜，化危机为转机，才能获得人生考试中的满分。

卖游艇的堂妹

2002—2004年，堂妹一直在美国夏威夷岛卖游艇，而且做得很不错，赚了一些钱，但由于其父母和男朋友都在国内，等堂妹到了成家嫁人的年纪，不得不于2005年放弃了这一工作，重新回到了国内。等办完了婚姻大事后，堂妹又想趁着还年轻，重操旧业，再在国内卖几年游艇。

简单了解了一下国内游艇市场后，堂妹来到了深圳，在潜水、出海休闲的富人较多的大梅沙和小梅沙地区扎下了营地，代理销售美国一个中高档品牌的游艇，堂妹觉得深圳这个地方有钱的人多，一定能找到自己的客户。

但是，令堂妹万万没有想到的是，当时的国内和美国完全不一样，愿意买游艇的人几乎没有，理由是一艘动辄二三十万美元的游艇太贵，即便勉强买下，一年也就出几次海，其他时间都只得放在那里，不仅不能增值，还折旧贬值得厉害，划不来。

堂妹经过进一步了解，还发现，原来来这里休闲的有钱人，如果想出海时，都会乘坐一艘艘由20世纪七八十年代的老汽船改造出来的“山寨版”游艇，出去一趟，每天的收费在5000～8000元，他们觉得租借山寨游艇比自己买正牌游艇要便宜得多。

找到问题的所在，堂妹开始开动脑筋，终于，她想出了一个好办法，她找到几个有购买能力的目标客户，对他们说，自己现在代理了一个美国品牌的游艇，如果你们买下它，平时你们若有空，便可以带着家人或朋友乘坐它出海休闲，不仅方便而且还特有档次和面子，如果平时没有空，你们可以将它委托给我，我负责帮你们出租，每出租一天，你们可以获取5000～8000元的收入，多出租多得，而你们每天只需要付给我5%的管理服务提成费就可以了。

这一招“代租”的方法固然是非常灵验的，那些有钱的富翁一想，如果有一艘真正属于自己的游艇，带着家人、邀请朋友或和生意上的合作伙伴乘坐，那该多带劲呀！更何况，自己不用时，还可以出租，又能获得一笔额外的收入，多出租那么几次，最后就能把本全给捞回来，何乐而不为呢？

因此，堂妹很快就打开了销路，之后的第一年里就卖出了好几艘游艇，而且，接下来更让堂妹高兴的是，由于美国正规品牌的游艇下水出租了，而且价格也是5000～8000元，让那些改装的“山寨版”游艇一下子失去了很多市场，租借她所负责的游艇的人越来越多，她的提成也就越来越多。

现在堂妹又开始了新的尝试，对于那些资金一时周转不开，但又非常希望能买游艇的客户，则采取首付两成，其他通过银行贷款，然后用出租的收入逐步还贷的方式，一下子又吸引了不少新的买主。

堂妹出售游艇的经历让我明白了一个道理，那就是产品好并不一定就表示会有市场。要想别人买你的产品，你首先必须给出一个他们购买的理由，就是他们为什么要买你的东西，买完后能有什么好处，如果能用这个好处打动对方，那么距离最终的成交也就不远了。

那个不施农药的傻傻“苹果”

这是一则发生在日本的真实故事，在日本青森县中津轻郡岩木町有一个叫木村的果农，他的祖上和周边的邻居们世代都靠种植苹果为生，到了木村这代也同样如此。

但与其他果农不同的是，木村从一开始就拒绝给苹果树喷洒各种农药和添加化肥，他认为如果这样做的话，结出来的苹果就会有农药残留，对人体健康有害。

木村坚信大自然有一种神奇的平衡力量，能够使苹果树在不需要农药和化肥的帮助下同样也能结出甜美的果实来。

但在别人看来，无农药苹果简直是一件不可能实现的事情，因为自18世纪苹果传入日本以来，果农们就一直依靠农药来对付啃噬苹果的各种害虫，利用化肥来给苹果树提供足够的养分，如果没有农药，苹果树就会被害虫祸害完，而没有化肥，则结出的苹果将会非常消瘦丑陋。

而木村也确实在无农药无化肥栽培苹果的路上，吃尽了苦头。

他的4块苹果园，因为没有农药遭到了各种害虫的大举侵蚀，生病掉叶子，无法开花结果。

为了对付这些害虫，除了不断清理掉果园里的杂草，木村还带领着自己的妻子和岳父岳母，每天都在苹果园里捉虫子，并且喷洒过诸如蛋清、醋、辣椒水、泥水等多种自己发明的环保无害“驱虫剂”，但效果都不佳。

木村的苹果园变成了害虫的天堂，苹果树被摧残得惨不忍睹，情况一年比一年糟糕，进入第五年，苹果树依旧不能开花。

因为年年无收成，木村已经是家徒四壁，还欠了一大笔债务，甚至因为拿不出医保费，医保卡也被没收了，几个孩子更是穷得买不起一根铅笔。

而他的邻居们则因为高居不下的苹果价格个个富得冒油。6年来，木村和妻子、岳父岳母每天都在没有苹果的苹果园里工作。“那个傻瓜脑袋坏掉了，离他远点儿，笨蛋会传染的。”人们这样讽刺和挖苦木村。

不光是左邻右舍不理睬木村，就连亲戚也不邀请他参加婚丧嫁娶，他的亲生父母也因为忍受不了这份羞耻而不再与他来往。

更糟糕的是，按照疏于对抗病虫害的果农将会被罚款的法律规定，青森县政府数次上门要木村交纳罚款。

越是执着于无农药栽培，生活越是贫困，也越惹人非议。因为一直无法成功，渐渐地，木村也开始怀疑自己的脑子坏掉了，2005年夏天的一个黄昏，走投无路的木村带着一根绳子默默地朝岩木山山顶上走去，他决定到那里去结束自己的生命。

然而，就在他快走到山顶时，他突然发现不远处有一棵苹果树，那几乎就是一棵魔法树——叶子很好，花很多，它当然没喷洒过一滴农药!

这里和他山下的苹果园是一样的生长环境，但是不同的是，这棵苹果树是生长在杂草丛生的地里，且地面松软、温暖。

至此，木村终于找出了原因——泥土上的差异。

原来，喷洒农药其实是把果树和大自然隔绝开，山上的泥土比较温暖，是因为生态系统没有被农药破坏，里面有许多活动的微生物，而果园的生态系统从他的祖上起就已经被破坏，而且杂草一直被他清除，原生态无法恢复。

此后几年，木村的工作便是让果园里长上杂草，并且种上大豆，每天测试土壤里的温度，以恢复泥土里的微生物。

相隔10年，在2009年的春天，木村的苹果树终于开花了！更让木村兴奋不已的是，之后结出来的苹果虽然外貌又小又丑，但味道却是出奇得好，能让食用者吃出激动的眼泪来。

“从来没有吃过这么好吃的苹果。”这是食用过木村的苹果的人不约而同要说的一句话，一个切开的苹果，放了两年都不会腐烂，只是慢慢地一点点干缩，最后变成一个红色的苹果干，散发出淡淡的诱人清香。当今世界上，只有木村的苹果能真正做到这样。

目前，木村的苹果已被预订到10年后了，其中2/3的苹果被日本政府作为国礼赠送给贵宾。

蝗虫在杂草中跳来跳去，蜜蜂在快乐地飞舞，远处还有各种虫鸣蛙叫，笨蛋木村坐在自己的苹果园里，咧着嘴呵呵笑。

努力不够是因为痛得不够

当她决定推销墓地时，几乎家里所有的人都反对，因为卖墓地是一份不吉利的工作，很晦气，被人看不起。

但是，她不管，她觉得，人既然那么看重活着时的暂时住所，那么就更应该重视百年后的永恒之家，为什么要看低帮自己推荐永恒之家的卖墓人？

她怀着激情上路，可谁承想，一切都远出乎她的意料，她曾无数次跟了多个“目标客户”好几条街，游说他们为自己或者家人买一块墓地，可是得到的却是对方的怒斥：“你给我滚远点儿，要不然，我就叫人踹死你！”

后来，她又跑到干休所里去推销，希望里面的老人能从自身的实际出发，选择好一块人生的“后花园”，可是，还没等她把话说完，就被几个老头老太太联手用扫帚狠狠地打了出来。

直攻不行，只能智取，几天后，她又带着两个同事装成“青年志愿者”去干休所帮老人们打扫卫生，可从早上一直干到下午两点多，才有一个老奶奶给他们送来了三个苹果和一杯水，推销的事则更是无从说起。

就这样，大半年下来，她遇见的全是一张张冷漠的面孔，别说卖出墓地，就连一个有意向买的电话也没接到过。

于是她决定改变方法，开始每天骑着一辆自行车，早上四五点钟就从家里出发，然后骑遍昆明的各个公园和健身广场，硬着头皮向晨练的老人推销。晚上则守在人家的门口，一直等他们回家吃过晚饭后，再敲门，说明目的……就这样，不到一年的时间，她整整骑烂了4辆自行车。

这期间，有一天晚上十点多，她在回去的途中，连人带车被一辆违规的公交车撞倒在地，当司机下来时，她已经浑身是血。面对冷漠的司机，极度虚弱的她有气无力地说道："你可以不送我去医院，但是你一定要向我道歉。"此时，好多人围了上来，人群中突然有一个老大妈大声叫了起来："我认识她，她是推销死人墓地的。"话音刚落，围观的人像躲瘟神一般四下散去。

那天，司机没有向她道歉，她一个人推着自行车，一瘸一拐地往回走。也就是从那时起，她便开始发誓："以后在销售墓地的路上，自己一定要活出个人样来，有一天，自己一定要有一辆四个轮子带着铁皮的东西。"

之后，她常常自己掏钱，带一些老人外出游玩，悉心照顾他们，不谈生意，只谈感情，从而慢慢赢得老人们的好感和信任，终于有了第一笔订单。

她的坚持有了结果，实现了她当初的誓言：第二年，她便有了属于自己的房子，虽然面积只有60多平方米；第三年，她有了一辆属于自己的车，虽然并不是什么名车；第四年，她成了老板，有了自己的第一个墓地销售店面；第五年，她有了属于自己的第二个店面……

如今，她已经是身价千万的老总，被业内誉为"墓地皇后"。她说："当所有的人都倒下了，哪怕你是跪着，也是胜利者。"她的名字叫唐朝。她说："如果你努力不够，那说明你痛得不够。"

“抢跑”的规矩

在当年举世瞩目的雅典奥运会上，一个叫刘翔的小伙子创造了一个令人瞩目的奇迹后，他的名字一下子传遍了全世界。

今天的刘翔，已成为中国人心目中的骄傲，世界110米跨栏项目中无可争议的顶尖人物。但有许多人可能不知道，刘翔当时的成功是有“抢跑”的技巧成分在内的。

短跑比赛，一点点时间都无比珍贵。在起跑时多比别人快一点点，可能就意味着胜利的归属。因此，运动员之间常常会为抢占先机而发生“抢跑”问题。

田径比赛对运动员的“抢跑”有一个死规定：第一次抢跑者，给予警告处分；再次抢跑者，无论是谁都将被罚下。

在那次高手如云的雅典奥运会110米跨栏项目上，刘翔智慧地利用了这种“抢跑”的规矩：他用第一次的“抢跑”来干扰和消弭对手的斗志，让对方“一鼓作气，再而衰，三而竭”，从而达到“彼竭我盈，故克之”的目的。有些非常有实力的对手因此乱了方寸，在第二次起跑时出现了“抢跑”现象，被罚下场外。

因为少了几个强劲对手，在那次雅典奥运会上，刘翔一战成功，从此名扬天下。

凡事有利必有弊。虽然在雅典奥运会上，刘翔合理地利用“抢跑”的规则为自己赢得了先机，一举成名。但“抢跑”的时间很不好把握。若从计时（发令枪的烟或闪光）开始，至起跑器感应到运动员做出反应的时间少于1/10秒，则认为该运动员“抢跑”。

所以，从那次雅典奥运会之后，实力超群的刘翔经常因为无法有效地掌握好起跑的时间，经常在比赛中出现“抢跑”现象。有一次，上海室内田径赛60米栏决赛中，刘翔就因第二次抢跑被罚出场，冠军被名不见经传的江苏选手吴佑佳夺得。

针对“抢跑”这个两难的“瓶颈”问题，刘翔从技术与心理上加强了严格的训练。他知道：在瞬息万变的赛场上，既要做到不丧失应有的先机；又要做到从心所欲不逾矩，才能立于不败之地。

几经波折之后，刘翔的起跑反应做到了收放自如。

在2007年8月17日的上海田径大奖赛男子110米栏决赛中，紧张而刺激的“抢跑”场面又出现了：在第一次有人抢跑被警告，第二次抢跑的阿诺德直接被裁判罚下后，调整好心态的刘翔一直保持着处乱不惊的大将风度。虽然强敌环伺，他依然做到对起跑的分寸拿捏到位，后半程充分发挥自己的优势。最终，他无可争议地一举夺冠。

用“抢跑”的方式赢在起跑线，是每个人都渴求的高起点。但抢跑必须合乎“规矩”：只可以用自己的能力而不是取巧的方法来占有先机。一旦越出“规矩”，肯定会被“罚下场”的。

敲响机会的门

2006年《福布斯》公布的全球富豪榜上，施正荣以22亿美元的个人财富，名列第350位，是内地华人的最高名次。

施正荣生命中的三次转机，都是从“敲门”开始的。

第一次“敲门”在1986年。当时，正在读研的施正荣听说自己的小学老师张老师喜得贵子，便登门祝贺。按了门铃后，一个面容清丽、温柔婉约的女孩子很礼貌地请他进门。

他一见钟情地喜欢上这位有大家闺秀韵致的姑娘。但他知道自己出身农民，身高只有一米七零，没有追求这个姑娘的资格。不过他也有自信的地方：他拥有对爱的真诚与出众的才能。另外，他还有硕士学位，这就好比是在他的脚底下垫了一块“增高”的砖。他充分施展自己的真诚与优势，一年后，他与这位叫张维的女孩结成百年之好。

第二次“敲门”，是他结识了“世界太阳能之父”马丁·格林教授。那时，在新南威尔士大学学习物理专业的施正荣学业将满，可他还想能有一次继续深造的机会。

施正荣看到学校电子工程系招聘研究助理，急忙赶去应聘，可是赶到时招聘已经结束。不甘心白跑一趟的施正荣发现招聘办公楼下，正是马丁·格林教授的研究所。施正荣鼓足勇气，敲响了大门。

门开了，一个身穿白大褂，脸色红润的年轻外国人出现在施正荣面前。他就是光学专家、科研经费充裕的马丁·格林教授。施正荣直率地说：“教授先生，我是来寻求您的帮助的……”

马丁教授打量了一下眼前的年轻人，试问了几个有关物理和光学的问题，施正荣对答如流。马丁对眼前这个憨厚、有才华的中国人产生了好感。“希望您能给我这样一个机会！”施正荣怀着忐忑不安的心情说。马丁告诉他研究所里已经没有全职的工作，但可以读博士。

“我很想读，但是我没有钱……”施正荣实话实说。马丁想了一会儿，说：“施先生，目前实验室里已经有好几位中国人为我工作了。但是如果你愿意读博士的话，就留下，学费每年大约8000澳元，这笔钱我可以资助你，你看怎么样？”施正荣大喜：“当然，非常感谢您！”师从马丁，施正荣为“尚德”的出航奠下了成功的平台。

选择在无锡投资，是施正荣的第三次“敲门”。当时，人们对于太阳能这一新兴产业大多处于观望阶段。施正荣在国内多个沿海城市考察先后碰壁，他得知无锡市委市政府领导意识先进、思想新潮，他多次敲响市领导办公室的门，反复向他们讲述太阳能行业的阳光前途，诉说了共同谋取发展的愿望。结果，施正荣得到了一个千载难逢的时机。从此，他一步步迈向自己人生的辉煌。

知道敲门，只是成功的先手；如何敲门，才是成功的绝杀。

生存的秘诀

每年，当非洲原野的旱季来临时，太阳都会疯狂地炙烤着大地，致使原野上所有的小河、沟渠迅速干涸，只有一些较深的湖泊里还存有一些少量的水。每到这个时候，整个原野上的动物，包括羚羊、麋鹿、鬣狗、狒狒等都会集聚到有水的湖泊边，慌慌张张地找水喝，炎热已经让它们干渴难耐，如果不想被活活渴死，动物们就必须试着从湖泊中取水。

然而，湖泊里虽然有足以让动物们喝个够的水，但同样也有足以让它们毙命的危机——一条条狡猾而凶险的鳄鱼，正潜伏在湖边，它们将整个身体隐藏在水中，一旦有动物走近湖边喝水，鳄鱼就会不失时机地猛地从水中探出头来，一口将毫无防备的它们咬住，然后再将其拖入水中，使之窒息而死。就是这样一个简单而又被反复使用的方法，让无数口渴的羚羊、麋鹿、鬣狗们纷纷丧命，让鳄鱼轻而易举地“守株待兔”。

但是，也有例外，狒狒就从没有丧命于鳄鱼的口中过，究其原因是，狒狒从不会轻易走近湖边去喝水，即便是渴得快不行了，它们取水的方法也很特别——在离湖泊边不远处挖坑，几个几个组成一组，轮流着一直不停地挖呀挖，直到挖出来的坑足够深，湖泊里的水能渗到坑中来，然后，狒狒们再排队轮流着一个个去喝坑里的水。

有时，羚羊、麋鹿等其他动物看到狒狒的土坑里有水，也都想去分一勺，讨一碗水，但此时狒狒们会群起攻之，将它们一一赶走，而一旦被驱赶走后，其他动物们便懒得再去“低三下四”地讨人嫌，同时，它们也不会学习狒狒，试着去自己挖坑，而是抱着侥幸的心理，干脆冒险去湖边，结果80%以上都丢了性命，眨眼之间，一命呜呼。

天越来越热，湖泊里的水位也越来越低，要想土坑里还能渗出水来，狒狒们就需要不停地将土坑朝下挖深，这是一项艰难而持久的工程，在其他动物们躲在树丛中眯眼避暑时，狒狒们却要顶着烈日，一刻不停地掘土，但是最终，狒狒们坚持了下来，当雨季重新来临之时，狒狒成了原野上为数不多成活率较高的一个种群！而这显然是智慧和勤奋的结果。

面对眼前无水的困难，非洲原野上的许多动物慌不择路，安逸取巧，甚至开始抱着侥幸的心理铤而走险，结果往往是灭亡牺牲得更快，不仅是它们，我们人类自身往往何尝不也是如此呢?

唯有像狒狒那样，不慌张，不焦急，远离侥幸，勤勤恳恳，实实在在地挖坑蓄水，才会有机会等来丰沛的雨季!

餐桌上多了一块布

因为地处江南小城，总觉得异国风情离我们很远很远，是那么的遥不可及。

和妻子结婚一周年，妻子大学学的是外语，尽管她喜欢中文，但是为了好就业，她还是勉强自己学了这个专业。也许是受到4年西方语言教育的影响，妻子提议道，我们去吃韩国料理、日本料理或者别的西餐，算是换换口味。我默许了。

小区的门口，不知道何时多了一家德国西餐厅。每次上班下班都很匆忙，居然不曾看见。进门后，才发现餐厅的生意出奇得好。很是意外!

餐布很快铺了上来，然后是刀子、叉子和勺子，很不适应，但是为了讨媳妇高兴，还是迎合着这种不着调的气氛。可是刀子、叉子和勺子，怎么拿都觉得别扭。

其实，我还是比较喜欢中国的八大菜系，我在偶然的几次情况下吃了些许。可惜小城里居然没有，比如东北的猪肉炖粉条、云南的过桥米线，其实我是很想尝试的。倒是大娘水饺，曾经在里面吃出过沙子，我也就不想，更不愿再去吃了。

让我失望的是，地方菜系的店却越来越少，反而肯德基、麦当劳等如雨后春笋般地开张了，而且生意出奇得好。

这一层薄薄的西餐餐布，盖住的，不仅仅是一种生活习惯，更多的是我们中餐文化的精髓。

请不要对我说英语

如果随便在街上抓住10个读书人，问他（她）四书五经是哪些。估计能全部回答对的，一般没几个，能随便回答上一两本书的，算得上是很优秀的人才了。

但是，如果你要问过了4级没？回答“过了的”会有好几个。如果再让他们用外语聊天，他们肯定也会很顺溜，至少没有了问他们四书五经时的尴尬了。

“不是我们不愿意学啊，不学外语，怎么参加高考，要知道，那可是150分啊。不学好，只能回家种田去。”大家如此说。

因为会写点小文章，有几个培训学校专门请我过去上作文课。可是报名的学生并不多，相反，那个英语爱好班却是堂堂爆满，弄得我和书法老师直摇头。书法爱好班只有3个学生，真正算得上是专家授课了。

每次看到别人手写的字奇丑无比的时候，我只能摇头。汉字是老祖宗留给我们的文化财产，汉语是祖先留给我们的宝贵语种，怎么能这么轻易丢弃呢？13亿的人口，怎么就守不住9万多个汉字呢？

前段时间看到了一篇新闻，说由叶圣陶主文、丰子恺插画、1932年版的

《开明国语课本》卖断市了，不仅重印本畅销，甚至连出版社都没货。同期重印的老课本系列也在网上收获好评一片。看到这篇报道的那晚，我彻夜难以入睡啊！

只要你是黄皮肤、黑头发，请记得要说好汉语，写好汉字。

牛郎织女的空悲切

约莫在1996年，我12岁的时候，第一次读到牛郎织女的故事。那是从读初中的三姐姐课本里看见的，自此，牛郎和织女便杳无音讯。

反倒是现在，记得2月14日情人节的人越来越多，这个完全西方化的节日充斥着大街小巷。难怪花店里的广告说："今天情人节，不要便宜了那小子。"而七夕情人节仿佛就成了黑夜里的一个神话。

记得姑姑家里有一张黑白照片，那是她和姑父结婚一周年后，在安庆的解放照相馆里拍摄的。一提到那会儿的故事，姑姑就显得特别兴奋，姑姑说，他们还约了一个特别的节日去拍照，就是农历七月初七，牛郎织女相会的日子。

而后是圣诞节、平安夜，商家也跟在后面大肆宣传，因为这个有市场潜力，能得到广大年轻人的认可。西方国家的圣诞老人，为大家驮来了一袋袋的礼物，而中国的圣诞老人，却让商家扛走了广大人民群众的一袋袋钱。

提前上市的苹果

他不算太幸运。他是父亲当公务员时，与一个叫卡特琳娜的女裁缝所生的私生子。

七岁以前，他一直与母亲相依为命，仅靠母亲给人缝补的微薄收入过日子，在贫困屈辱中度过了自己的童年。直到1831年，他七岁时，他父亲才承认他这个儿子。

1842年，他刚刚十八岁。他在巴黎第一次见到了她。她是当时巴黎上流社会著名的交际花，被公认是巴黎最迷人的女子。

她柳条似的细腰、天鹅般的颈项、纯洁而无邪的表情，披散在白嫩双肩上的浓密的长鬈发，使她姿容艳丽、优美动人。他对她一见倾心。

当时，他见到她像一个仙女出现在剧场上。她固定的包厢，离他仅仅只有几步之遥。演出结束后，他和好友带上她最爱吃的冰糖葡萄干去包厢看望过她一次。

她也爱上了这位英俊少年。从此，他们夜夜相会。双方都深深感受到爱的欢乐。他真心爱着她，与她一起跑马、赴宴、逛舞厅、进剧院，不惜花费巨资，还陪她去她老家、空气清新的乡间养病，为此还背上了沉重的债务。

但他犯了一个低级错误，认为她从此只应当专属于自己。而她的身份，决定了不可能只将情感专注在他一个人身上。他那年轻又热忱的心，每天都在妒火中焚烧。

父亲看到他这种情形，很是担心。一天，父亲叫他回去吃饭。饭前，父亲让佣人端上了满满一大盘苹果。苹果是他的最爱，每次回家，父亲都会为他准备很多好吃的苹果。

他二话没说，拿起来就啃，刚咬了一口，就觉得不对味："这是什么苹果？怎么是这种味道？""什么味道？苹果味道！绝对是苹果树上结的果子……"父亲漫不经心地说。

他不再吃了，把那只苹果捏在手里反复端详："嗯，是苹果，就是太涩了。一点都不好吃！""知道为什么没有平时那些苹果好吃吗？""不知道！""它们都是没成熟的果子，当然不好吃。"

他吓一跳，"没熟的苹果，您干吗拿来给我吃？""没别的意思，我只是让你尝尝没成熟的苹果，到底是什么滋味！""还能有什么好味道，满嘴青涩的味道呗！""你现在已尝到了这种味道不好吃了吧？"

"您想对我说什么？"他虽年轻却很聪明。

"你近来的那些事情，我都知道。年轻人，我只想告诉你，爱情像苹果，味道很甜美。只是，没有成熟就提前'上市'的爱情，味道肯定青涩。

"你才十八岁，生命的芽儿刚抽头，就像没有成熟的苹果。你现在不该去摘成人树上的爱情苹果。如果执意要去做，就等于是吃了提前上市的苹果，只会品尝到满嘴青涩的滋味。提前上市的果子不好吃。不信，你再尝尝其他那些没成熟的，是不是跟你刚才吃的一个味道？"

父亲的话，深深地打动了他。他在当天的夜里就给她写了一封绝交信。为了忘记她并偿还欠下的债务，他开始了写作。

起初，他寄出的稿子总是碰壁。朋友对他说："如果你能在寄稿时，随稿给编辑先生附上一封信，或者只是一句话，说'我是某某的儿子'，或许情况就会好多了。"他说："不，坐在父亲的肩头上摘'苹果'，摘下的也是提前上市的'苹果'。青涩，不好吃。我想亲手摘下真正成熟的苹果，所以，我必须要拥有真实的高度。"

后来，他把自己与巴黎名妓玛丽·杜普莱西的爱情故事写成了长篇小说《茶花女》，一出版即轰动全国。

看到他的成功，他的父亲——法国著名作家大仲马对他说：“儿子，恭喜你！你终于知道如何摘‘苹果’了。我一生写了很多作品，但我最好的作品是你。”

他——小仲马，是这样向父亲致谢的：“谢谢父亲！谢谢您的那句‘提前上市的苹果不好吃’。”

天下没有白打的开水

有一个北大学生，当年他在北大读书时，成绩一直不算太好。但他有一个好习惯，从小就热爱劳动，从小学一年级起，他就一直负责打扫教室卫生。

到了北大以后，他这个从小养成的良好习惯一直保持着。每天，他为宿舍打扫卫生。这一打扫就打扫了四年。因此，他所在的宿舍从来没排过卫生值日表。

放学后，其他同学都干不同的事情，或读书，或散步，或出游。只有他每天拎着宿舍的水壶去给同学打水。他把这个当作一种体育锻炼。

同学看他打水习惯了，以致后来他偶尔忘了打水时，有些同学就说：“喂，你怎么还不去打开水？”

他连忙答应，赶紧去了。他从来也不觉得打水是一件多么吃亏的事情。他认为大家既是同学，人与人之间的互相帮助是应该的。

可当他开始创办英语辅导班时，却是阻力重重。当时，北京叫得上名字的英语培训机构就有三四十家，要想在竞争中吸引更多的学生，困难非常大。

那时，他感到特别痛苦，特别无助，四面漏风的破办公室，没有生源，没有老师，没有能力应付社会上的事情，同学都在国外，自己正在干着一个没有希望的事业。

1995年年底，他创办的学校有了一定规模，为能扩大经营，他想寻找合作者。他想到了当年的北大同窗，就跑到美国和加拿大去寻找他们。

为了诱惑他们回来，他随身带了不少美元，每天在他们面前很大方地花钱。他想让这些同学知道，在中国也能赚钱。他想，这样做大概就能让他们跟自己回来一起干事业。

果然，有好几位同学答应跟他一起回来。但出乎他的意料，他们都说："不要以为你装大款，我们才跟你回去的。我们回去是冲着你过去为我们打了四年水。我们相信一个肯如此为别人做事的人，自己有饭吃肯定不会给我们粥喝。所以，我们才一起跟你回中国，共同干点事吧！"

后来，他创办的学校告别了中关村二小简陋的平房，成了年培训学生超过100万人次的"中国最大的学校"。

新东方的董事长兼总裁俞敏洪，在北大演讲时，自言当年就是这样赢得合作者的。

天下没有白打的开水。看似不起眼的付出，最终会有回报之时。

停转的磁带

6岁时，费德林跟母亲来到巴西的一个小镇上居住。他从小就酷爱小提琴，每天都会雷打不动地练上好几个小时。可不幸很快降临到了这个小男孩的头上——附近的一家大型化工厂突然发生化工原料泄漏事故，费德林受到影响。开始，他不停地呕吐和发烧，后来医生无奈地告诉他母亲："你儿子的听觉神经受到严重损伤，只有很微弱的听力了，而且会越来越差。"

听了这话，母亲虽很痛心，但不希望儿子就此自暴自弃。于是，她带着儿子搬到一所不错的聋哑学校附近，开始陪他一起学习手语。为了帮助儿子练习，母亲说话也越来越少，更多的时候他们都用手语交流。在母亲的鼓励下，费德林重新振作了起来。更重要的是，他开始继续拉小提琴。

不过难题又来了。他们现在住的地方没有好的音乐老师，母亲又不忍心让儿子来回奔波。于是，母亲用录音机把费德林的琴声录下来，然后坐车辗转带给音乐学校的老师们，他们指正后，母亲再回来指导费德林。就这样，母亲风雨无阻，从没怨言。

半年后，费德林发现了一件奇怪的事——每次母亲帮他录音，磁带走完需要翻面时，母亲总是会耽搁很久。而他一提醒，母亲总是解释说："我听得太入迷了，没留意磁带。"后来，费德林干脆让母亲买了个很响的闹钟，还按照磁带的时长定了时。有了这个闹钟，母亲果然能及时翻带了。

在费德林的努力下，两年后他夺得了巴西全国青少年小提琴大赛的冠军。媒体开始大幅报道他的励志故事。一位外地的耳科专家看了报道后，主动打来电话接他到当地治疗。最终，专家治好了费德林的耳疾。在助听器的帮助下，他的听力基本恢复了正常。

这天，在耳科专家的陪伴下，费德林病愈后回到家。一进门他便兴奋地对妈妈说："妈妈，以后我们可以不用手语了，我能听得见啦！"母亲只是开心地笑，并没回应。费德林又重复了一遍，母亲还是什么都没说。

耳科专家立即走到他母亲身边，做了简单的检查后，惊讶地问费德林："你母亲的听力严重受损，你不知道？"他大惊。

原来，自从那次泄漏事件后，母亲便跟他一样，听力受到了极大破坏。但母亲一直将此事隐瞒了下来，并以帮助儿子练习手语为由，让他以为自己是"故意"不说话。

为了让费德林有活下去的信心和能力，母亲即便听不见声音，也会为"儿子的声音"含笑千万次。

第八辑

直面你的阳光人生

当你背对阳光的时候，你只能看到自己的阴影，因为你用自己的身体，遮住了阳光的明亮与温暖。请记住：如果你想让自己的人生明亮与温暖，请直面阳光。

直面阳光

小和尚是个孤儿，一次偶然的机会被外出化缘的方丈遇到了，并带回了寺院。就这样，小和尚在寺院安家长大了。

小和尚很是羡慕方丈，因为方丈不但受人尊敬，更重要的是，方丈对禅理有着很深的研究。而这些，都是其他僧人所无法比的。

小和尚希望能够跟在方丈后面学习禅理，可是，令他失望的是，方丈却只让他每天守着厨房，给寺庙里的其他僧人烧水煮饭。就这样，小和尚整整待了5年。

5年后的小和尚，已经不再是小和尚，而是一个少年僧人了。可是，除了煮饭的功夫，小和尚实在没有发现自己有什么其他的长进了。就这样，在寺庙的其他僧人面前，小和尚一直感觉自己抬不起头来，因为他的佛理禅意，因为他在寺庙中的地位，更因为他是一个从小被人遗弃的孤儿。就这样，小和尚越发自卑。

终于，在一个阳光明媚的冬天里的上午，小和尚决定去拜别方丈，因为他想去外面的世界走走，去感受一番外面的天地。很自然，老方丈很客气地就答应了。老方丈的这一平静反应着实让小和尚大吃一惊，甚至在分明间，小和尚感觉到了自己在老方丈心目中的那份轻轻的地位。小和尚很是伤心。

在他转身离开寺庙的那一刻，老方丈叫住了他，并且让他站在阳光底下，背朝阳光，然后问他看到了什么，感觉到了什么。小和尚回答得很干脆：“我什么都没有感觉到，只看到自己的阴影。”然后，老方丈又让小和尚转过身子，直面阳光，接着又问小和尚道："这你又看到了什么，有什么感觉。"小和尚说道："我看到了明亮光线的存在，我感觉到了阳光的温暖。"

听到小和尚的这话，老方丈随之抿然一笑。瞬间，小和尚彻然大悟。

当你背朝阳光的时候，你只能看到自己的阴影，因为你用自己的身体，遮住了阳光的明亮与温暖。请记住：如果你想让自己的人生明亮与温暖，请直面阳光。

不做第一，只做唯一

22岁时，学设计专业的他来到北京创业，由于没有名气，很难从现有的设计市场里分得一杯羹。一天，他到家具城去买一个衣柜，当他问老板有没有家具的宣传画册拿来看看时，没想到对方却说没有。

原来，当时整个北京家具市场里没有一家家具店有宣传画册，也没有一家设计公司愿意替他们设计和制作宣传画册。他灵机一动，觉得自己的机会到了，于是便说道："那我帮你做一个宣传画册吧，保准会带动你的销售量。"但没想到老板摇摇头说："我们没有这笔预算。"他说："你不用花钱，用家具换就行了。"老板一想，说那好吧。

果然，当宣传画册设计出来并且分发给消费者后，这家家具店的销量上升了不少。很快，其他家具店开始主动找他帮着设计画册。不久后，整个家具城里70%的家具店的宣传画册都是由他做的，让他狠赚了一把。

让他更没想到的是，不久后，"居然之家"的老总汪林鹏竟然亲自打电话找到他。原来，当时“居然之家”在挑选入驻的家具企业时，发现好多企业的宣传画册都出自同一个人之手，这让汪林鹏大为惊讶，便想见见这个厉害的人物。但等他来到“居然之家”时，没想到汪林鹏对他说：“听说你设计做得不错，那就给我做一个名片吧。”当时一盒名片只要20元钱，但他却干脆地答应了。第二天当他把名片送过来时，汪林鹏看后非常满意。但是他却说：“汪总，你们的CI（企业标志）设计得不好。”汪林鹏一愣，说：“那你给我们重新设计一个吧。”就这样，他接到了“居然之家”这个100万元的设计单子。

此后，他跟“居然之家”合作了十几年的时间，他也因此被业界称为“家具设计策划第一人”。

2008年10月，他计划策划和组织了一届中国品牌节，但是如何选择举办场地却成了一个难题，因为场地既要有档次，又不能太贵。很快，他便想到了北京奥运会三大主场馆之一的国家体育馆。电话一打过去，对方说行呀，一天100万元。挂上电话，他心凉了半截。但他又一想，收费这么高，说明国家体育馆肯定是急于收回前期投入。

机会来了，他约到了时任国奥投资的董事长张敬东，聊天中他问，国家体育馆后期如何才能把之前的巨额投资给收回来。张敬东说，这正是自己一直感到头疼的问题，便请他帮着想想主意。他趁机说，如果能让中国10000名企业家、1000个财经记者、100个活动组织策划高手同时走进这里，那无疑是最大的宣传。张敬东说：“但是没有那么多钱去请啊，也不认识这么多人呀。”听到张敬东这样表示后，他心中暗喜，说：“我搞了一个活动，规模很大，联合了一百多个活动组织策划高手，上万名企业家，还有近千名媒体记者。”张敬东马上表示：“那太好了，你就到我这儿搞吧。”他说：“你们那儿100万元一天，搞不起。”张敬东立即表示：“不用不用，你来，只要能把国家体育馆的商业活动宣传出去就行。”

2008年10月1日，第一届中国品牌节在国家体育馆隆重举行，共1.6万多人参加，创造了国家体育馆赛后上座率的一个新纪录，成为赛后大型体育馆商业利用的典范，他也只象征性地交了些水电费。

他就是品牌中国产业联盟的秘书长王永，被认为是中国品牌事业的新领军人物和未来领袖。做不了第一，就做唯一，涉足同行未涉足的领域，整合自身的资源，王永为自己搭建了一座事业和财富的珠穆朗玛峰。

沿着路标奔跑

詹姆斯·盖特尔是俄亥俄州的一名专职邮差，他每天的任务，就是从镇上的邮政所取出当天的报纸和信函，然后仔细分拣好，并送达到每家每户。虽然镇上人口并不多，但小镇地处俄亥俄州的西北部，地域面积广，因此，每天盖特尔都会忙到很晚才能回家。

盖特尔是两年前才来到小镇，并应聘上邮差这份工作的。对于他的个人资料，镇上的人并不了解，但这并不影响大家对他的深刻印象，在众人眼里，盖特尔是一名称职、热心、吃苦耐劳的邮差。只是从某个方面来说，大家也替盖特尔有些抱不平，因为他的工作量十分巨大，而每个月所得的薪水，也只能顾及他的温饱。每当大家提及此事，盖特尔只是憨厚地一笑，然后继续上路。

忽然某天早晨，盖特尔在送信的路上，遇到了一辆抛锚的越野车，从此，他的生活便不再平静——越野车上乘坐的，是《华盛顿邮报》的记者，他们是几名热爱生命、热爱户外探险的青年人。当略懂修理知识的盖特尔帮助他们修车的时候，一名记者尖叫起来："啊？詹姆斯，你怎么会做邮差，你能适应吗？太不可思议了。"听到这话，盖特尔丢下了一句："你认错人了！"便匆匆离去。

几天后，小镇来了大批的记者，他们都是冲着盖特尔来的，因为在此之前，《华盛顿邮报》的一名年轻记者曾发表了一篇轰动世界的报道——《从奥运会冠军到残奥会冠军　从隐姓埋名到出色邮差——詹姆斯·盖特尔：我的脚步从未停止过》。文章将詹姆斯所有的人生传奇经历都公布了出来，小镇人民十分吃惊，他们没有想到，詹姆斯·盖特尔身体健全时曾是世界冠军，遭遇车祸后双腿残疾的他，竟然依旧锻炼成了残奥会冠军。这个时候，盖特尔不再只是一名普通的邮差了，他成了全镇人民心目中的英雄。

请他做报告、做名誉教授、做代言人，凡是能让人出名的好事都让他摊上了，许多人都纷纷找到他，并许以高薪，但都被他一一婉言谢绝了。他只是想拥有一个平静的生活，一份自食其力的工作，除此之外他别无所想，可是，他的生活依旧被打乱了。他甚至都快要丢了邮差这份工作了。

2001年4月，万般无奈的詹姆斯·盖特尔，专门写了一封信给当时的国际奥委会主席萨马兰奇先生，他把自己的苦恼告诉了萨马兰奇先生，并希望能够得到他的帮助。一周后，萨马兰奇先生亲自回复了一封信给他，并在《华盛顿邮报》上刊发了自己的一篇文章：奥运的精神是更高、更快、更强。其中的"强"，其实就是坚强，就是热爱和敬畏生命。詹姆斯·盖特尔曾经是一名奥运会冠军，他并没有因为自己的双腿遭遇车祸而沮丧。他依旧坚强，依旧热爱生命，在自己艰苦锻炼后，依靠自己的毅力，依靠假肢，成了残奥会的冠军，并且像正常人一样，成了一名出色的邮差，他的亲身经历，其实就是对奥运精神的最好诠释，他希望平静地生活，我也希望我们的大众能给予他平静安宁。

有了萨马兰奇先生的这封信，确实给盖特尔减少了不少麻烦，随着他的固执和坚持，记者们纷纷离去，围绕在他左右的商业人士，也逐渐对他失去了兴趣。一年后，盖特尔又恢复了他往日平静的生活。小镇依旧美丽安宁。

每天早晨，盖特尔依旧从邮政所出来，骑上他的自行车，带着小镇居民的报纸和信函，沿着路标一路奔跑。

奔跑的亚伯拉罕

1919年的英格兰，冬天格外的阴沉灰暗，也是在这一年，德国学生亚伯拉罕成功地考入了英国剑桥大学。

进入剑桥大学后的亚伯拉罕，生活得并不开心，因为他是一名犹太人，在那个地位和种族观念极为强烈的年代，他常常遭受同学们的耻笑，甚至连他的授课老师，也经常在课堂上羞辱他。可是，为了接受新知识，他选择继续留在学校求学，要知道，不只是在今天，在那个时候，剑桥大学也是一所享誉世界的高等学府，进入该校求学是相当有难度的。

一年前才结束的第一次世界大战，英国年轻人的体质，在战场上远远落后于德国甚至是奥匈帝国的青年，于是学校专门面向全校学生开设了体育课，跑步是其中的一项重要内容。这个时候，亚伯拉罕惊奇地发现，他对跑步有着一种十分亲切的感觉，每次遇到不开心的事，他都会选择跑步。他的跑步成绩，在全校也是名列前茅的。

尽管亚伯拉罕十分努力地奔跑，但他仍没有逃脱同学们鄙夷的目光，这个时候，他开始迷茫起来，因为他不知道自己选择通过跑步来让自己犹太人的身份获得承认和尊重的方法是否正确，在1920年2月的最后一个周末，他决定跑完最后一次学校操场后，便不再奔跑了。然而在这一天，他遇见了一个比他小好几岁的青年利德尔，从这一天开始，两人紧紧地联系在了一起，并且试图改变这个世界。

在亚伯拉罕眼里，利德尔是一名标准的英国佬，他和自己一样，也喜欢跑步，亚伯拉罕把自己放弃跑步的想法告诉利德尔后，利德尔只告诉了他一句话："当你的特长不被别人认可时，那是因为你做得不够出色。换句话说，你比别人出众一点点，别人就会用嫉妒的目光鄙夷你，而你超过了别人一大截，那么别人只会羡慕你。"听到这话，亚伯拉罕坚定了自己的信心，因为当时整个剑桥的德国学生并不多，来自德国的犹太籍学子就更少了，他代表的，不仅仅是一个国家，更是犹太民族。

从这一天开始，亚伯拉罕就怀着对胜利的强烈渴望开始了自己的运动生涯，他将自己的民族精神寄托于运动之上，试图通过跑步本身，来完成和超越自我。这个时候利德尔也和他在一起，奔跑在学院的操场上，无论是晴天还是雨天。慢慢地，他们的名气在整个学校传开了。

就这样，他们跑到了1924年，这一年，也正好是巴黎奥运会举办之年，由于他们在本土的出色成绩，他们被选为这一届的英国奥运代表。亚伯拉罕选报的是400米短跑，而利德尔选择的则是100米短跑，可是，在到达比赛城市巴黎时，利德尔才发现，他的100米短跑项目是在周日举行。

利德尔是一名虔诚的基督教徒，在基督教里，周日是上帝安息日，对宗教信仰的坚持和安息日的尊重，竟然使他放弃了100米短跑项目，这个时候，离比赛已经只有一天的时间，在得知这一情况后，亚伯拉罕主动提出与他交换比赛项目，他跑100米，而利德尔则跑400米，他们临时向组委会提出了申请，并获得了通过。

比赛的结果很令人欣慰，亚伯拉罕获得了100米短跑冠军，而利德尔则获得了400米短跑冠军。对于这两名传奇选手，比赛结束时，有记者采访他们，亚伯拉罕告诉记者一句有着相当深度和力度的经典名言——如果你不尊重我的人，那么请你尊重我的脚步。

是的，奥运会的真正意义，并不在运动的本身，而是为了追求一种精神状态，一种荣誉观念，这种精神和荣誉，是你前进路上最强劲的推动力。

所以，今天的你如果在英国剑桥大学漫步时，看见了这几个字，请不要惊讶，因为那是亚伯拉罕的脚步，从上个世纪，跑到了这个世纪。

你就是第一

父亲是一个退休老师，在那个人才奇缺的时代，只有初中文凭的他顺理成章地成了村小学的一名数学老师。从他17岁教书开始算起，他这一教就是整整44年。

2001年的夏天，在全国高校普遍扩招的形势下，只有大专文凭且毫无工作经验的我，在办完离校手续后，我的脸上便写满了对自己未来生活的沮丧和失意，甚至在那段时间里，我宁愿一个人躲在家里吃饭看电视睡觉，也不愿意在外面抛头露面，更不必说在外面拼命地找工作了。看着我的这个情况，父亲在私下里总是一阵阵地摇头。

后来的某次偶然机会，父亲在报纸上看到了一则招聘启事，是中国联通驻我省的一家分公司要招聘一名文字秘书，待遇很丰厚，甚至可以毫不夸张地说，在那里面工作一个月的工资几乎能抵得上父亲教上大半年书。于是，一个夕阳才落山的周末，在父亲的怒气下，我才不得不整理好了自己的就业材料，打算第二天到那家公司去试试。

等我去了那家公司后，我才发现，这次来应聘的人实在是大大出乎了我的意料。那家公司仅仅招聘一名文字秘书，可来应聘的却至少有200人，这其中不乏本科甚至是名牌高校的毕业生，在那些优秀的人才面前，我感觉自己十分的渺小和不安。

回到家后，父亲什么话都没有说，只轻描淡写地说了一句："我就不信，我的娃子就会比别人差劲！你去尽力试试，别给我丢了这张老脸！"听了父亲的这番话，我无语。甚至我知道：作为人子，父亲在我这么失意和对我这么绝望的时刻，能够说出这样的话来，实在是一件让我感动不已的事情。

很顺利，在第一轮的材料筛选中，我意外地入围了，然后便成了那50名有资格进入笔试的人员之一。在第二轮的笔试中，我竟然又意外地入围了，成了那10名进入面试的人员之一，将接受市公司副总经理的面试，在这一轮的面试中，连我自己都不相信，自己竟然能取得第2名的好成绩，很幸运地进了最后一轮面试，接受省公司人力资源部经理的面试。

在要进行最后一轮面试的前一天晚上，父亲仍然没有说什么。只用他那张充满浊泪的眼睛看着我，然后对我说了6个字："儿子，好好努力！"看着父亲那张辛酸和枯涸的脸，我就暗下决心，这次，我一定要好好努力。

可是，第二天的面试，我却让自己失望了。因为从跨出面试办公室的那一刻起，我就已经知道了，这次的面试，我失败极了。果然，几天后的录用公布名单中，没有我的名字。那一刻，我伤心到了极点。

晚上的时候，父亲很意外地打了3块钱的散酒，和我喝了起来。在喝到兴处的时候，父亲用很激扬的语调对我说："儿子，我来给你算笔账。这次参加应聘的有200多人，你很幸运地成了1/200，在之后的材料筛选中，你又成了1/50。在接下来的笔试中，你又成了当中的1/10，在最后的面试中，你又成了1/3。你知道自己的竞争实力数吗？那就是1/200×1/50×1/10×1/3=1/300000。你再看看那名面试第一名的本科生，他不也是1/200×1/50×1/10×1/3=1/300000吗？也就是说，你和第一名的本科生是一样的，在这300000次机会中，都是有着300000人次的竞争实力的！所以，你也应该具有他们的优势和自信心。”

听到父亲这番计算的那一刻，我的双眼一片模糊。我不知道父亲的这一算法是不是科学的，可是我知道，父亲的这一番教育我的方法，却是极科学而先进的！在心底里，我一直感动着。

4年后的我，成了一家拥有3亿元资产的公司的人力资源部经理。在每次的招聘会结束后，我都会用父亲那晚的激情对落选的应聘者说：“用这种方法，你计算看看吧！其实，你和第一名的人是一样的，都是拥有着非常高人次的竞争实力和优势的！”

“双子星”是怎样发光的

1949年6月18日，波兰首都华沙一个名叫雅德维的女工为丈夫拉依蒙特生了一对双胞胎，出生间隔只有45分钟。

出生后兄弟俩一直形影不离。哥哥喜欢安静，弟弟好动，兄弟俩亲热得像一个人似的。除了他们的母亲，其他人很难分清楚这兄弟俩。弟弟的鼻子上比哥哥只多了两颗不显眼的小黑痣。

刚出生时兄弟俩都比较瘦小，父母为他们报名参加了游泳、篮球班锻炼身体。1962年，在一次训练中，当时只有12岁的兄弟俩被偶然到访的导演相中，在儿童电影《偷月二人组》中出演主角，扮演淘气的小男孩贾塞克和普雷塞克。

影片在波兰国内大获成功，DVD在波兰大卖特卖，二人也成了家喻户晓的童星。兄弟俩的收入超过了他们的父母。不过，他们并没有自此走进演艺圈。

从小学到中学兄弟俩不仅同班，座位也经常被安排在一起，而且成绩都非常好。父母与老师，对他们都非常满意。

可所有人都不知道一个内情，这对聪明过人的孪生兄弟，不仅在生活中相亲相爱，在学习上也玩起了“互助”。

上学期间，兄弟俩的“互助”精神派上了用场。因为长得实在太像，两人就利用这个优势，互相替考。两人商量一个方案：为了省力气，每人各负责一科。哥哥主攻理科，代替弟弟考理科；弟弟则主攻文科，替哥哥考语言。

要不是一次偶然的意外，这件兄弟间“互助”的秘事，可能永远也不会露出马脚。

有一回，哥哥生病了，不能参加考试。结果，弟弟所有的理科成绩全部挂起了“红灯”。

母亲雅德维很奇怪，小儿子平时成绩那么出色，为何这回考成这样呢？她把小儿子叫到面前，问：“你平时各科成绩都很不错，为什么这回考得这么差？”

小儿子先是不吭声，后来被她问急了，就如实说出了事情的原委。雅德维惊呆了，她又把大儿子叫来。哥哥看到兄弟全招了，也不再有半点隐瞒，甚至还把自己在军训时替弟弟考过战术、武器及地形等科目的事也一并抖搂了出来。

这件事很快被两人的班主任鲁克斯先生知道了。鲁克斯是一名非常出色的数学老师，他也非常喜爱这对极聪明的孪生兄弟，他觉得有必要给他们俩单独上一课。

在鲁克斯的办公室里，面对手足无措的孪生兄弟，他没有发脾气，而是讲了一个故事：“许多人都认为爱因斯坦是位数学天才——其实他不是。由于数学不好，爱因斯坦早期的研究非常倚重一些才华横溢的数学家如施特劳斯等人，他们在数学方面的鉴别力帮助爱因斯坦证实了自己对宇宙的直觉认识的一个框架。可由于爱因斯坦在数学能力上的跛足，他晚年苦苦探求新的物理理论却一无所获。”

两兄弟瞪着眼睛看老师，几乎异口同声地问：“数学这么重要呀？”“对！数学与人文科目一样，都是成功不可缺少的基石。你俩都很聪明，可要想干出一番事业，必须要两者并重才行。请记住，不投入足够成本就妄想收益，注定是一个惨淡苍白的人生。”

听了鲁克斯先生这番教诲，两兄弟如梦方醒，从此他们在学业上不再“互助”，而是各科都全面发展。1971年，他们获得华沙大学法律学学士学位，10年后两人又一起获得法律学博士学位。

两兄弟都非常热衷于政治。2001年，兄弟二人组建了右翼政党法律与公正党，很快赢得了中下层老百姓的欢迎。

后来，弟弟莱赫・卡钦斯基当选了波兰总统，总统弟弟又任命哥哥雅罗斯拉夫为总理。兄弟二人从此共掌波兰，“双子星”闪耀世界政坛。

在一次回母校华沙大学的演讲中，莱赫・卡钦斯基对他的学弟学妹们着重提到了一句话，那句话就是当年鲁克斯对他们兄弟俩说的：“不投入足够成本就妄想收益，注定是一个惨淡苍白的人生。”

成功只有一米远

那是一次突如其来的灾难，意外坍塌的矿井压住了一名正在井下作业的矿工。他被埋在了井下深处。没有人会想到超时加班的他，更不会有人会想到他的困境。他的身边，除了包里装的上班前顺手在职工食堂买给儿子的几瓶钙奶和几包方便面外，就只剩下一把铁镐了。

和很多传奇故事一样，他最后也得救活了下来。但与别人不同的是：他并没有依靠别人的帮助，他是自己救出了自己。很多人感到奇怪，150米深处被埋了，自己还能救出自己？比起他的生命，人们更想知道他是怎么逃生的。

他说："被埋的时候，我知道自己不会死，我很自信。我看过好多报道，有很多人都在矿难后生还了。我面临的情况也是，而且我比他们的状况还要好，我有喝的，有吃的，有工具，还有一副健壮的身体，我怕什么？于是我拼命地挖了起来。挖着挖着，我忽然想到了一件事——早晨上班的时候，儿子周末在家写作业，我瞥了一眼，儿子正在写一篇标题为《成功只有一米远》的作文。他很奇怪，问儿子为什么写这篇，儿子告诉他说：'因为老师在课堂上读了一篇励志文章，标题也是这个，大家感触很深，所以语文老师就布置了这篇作文。'想到这，我就幻想着，我的成功会不会也是在上面一米远处呢。于是我鼓起精神挖了起来。

"挖了一米后，上面当然不是地面。我又幻想着，儿子今年12岁了，纪念一岁我就挖一米，等我挖到12岁的时候，我应该可以逃出来了吧。挖到12

米的时候，我当然没有逃出来，于是我又在想，我妻子今年38岁了，我感觉自己还是没有好好疼过她，每天下班倒床就睡，为了纪念她，我为她挖上38米。

“可是，令我伤心的是，我挖了，很疲劳地挖了38米，上面仍是重重的矿土。于是我吃了包方便面，喝了瓶钙奶又开始挖了，这是为了我妈妈挖的，爸爸逝世得早，是妈妈一把屎一把尿地把我拉扯大的，我应该纪念她，她年底就70岁了。我挖70米，是为了庆祝她70岁大寿。挖了70米后，我还是没有出来。这次，我喝完了所有的钙奶，吃完了所有的方便面，然后告诉自己：这次是为了我自己挖的42米，如果这次再挖不出来，我也只好认命了……

“一米后，我果真挖出来了，我成功地逃生了。”

说到这，大家笑了起来，有人说：“这是安慰自己的话，与逃生本身并没有什么关系。”听到后他忽然间严肃起来，很沉重地说道：“有关系的，这一米的成功就是关系。”

是的，我知道，他们是有关系的，这是一种亲情的寄托与相依的关系，是一种血浓于水的关系。每挖一米，情便升一丈，亲情，让求生欲望从无声无息的地底下迸发了出来，让他彻底地征服了死亡。

在情与情交融的那一刻，瞬间迸发出来的动力让成功变得只有一米之遥。

忘不了的隔壁姑娘

自从父亲得了老年痴呆症后，记性越来越差，常常会说些稀奇古怪的话。文森特去看父亲时，他甚至会问：“你今天的作业做完了吗？为什么昨晚偷打游戏不学习？”听到这话，文森特心里总是酸酸的——父亲的病越来越重了。但转念一想，如果没有母亲的悉心照顾，一切会变得更糟，他也不可能安心地在另一座城市工作和生活，只是隔几周回来看看。

可是，新的问题很快出现了。一次，文森特去看父亲时，父亲故意避开母亲，悄悄地将他叫到一边，耳语道：“我喜欢上了住在隔壁的那个姑娘，她太美了，我想娶她。”父亲的话让文森特目瞪口呆，但很快又平静了下来，“也许父亲只是一时犯糊涂吧，开个玩笑而已。”文森特这样安慰自己。

但事情并不像文森特所想。一周后，父亲给他打电话：“帮我买一枚质量上乘的钻戒，我要求婚时用。”“您要向谁求婚呢？”文森特在电话里哭笑不得。“不早跟你说过了吗，住在隔壁的姑娘！我已经打听过了，她没有男友，而且对我也很有好感。”父亲在电话里有些不高兴了。“好吧，我照办，下次去时带给您。”文森特无奈地挂上了电话。

一个星期后，文森特来看父亲。一进门，父亲便热情地上前拥抱了他：“你总算来了。”然后把他拽到一边，说：“快把戒指给我，我都等不及了。”文森特无奈地摊开双手，摇摇头。父亲一看，埋怨道：“你知道我有多么爱她吗？可你居然忘了买戒指！”

“可是，爸爸，您已经有妻子了，让我跟妈妈怎么说？”

“闭嘴，我没有你这么不听话的儿子，难道你想断了我的好姻缘吗？”

为了不让妈妈知道，文森特只能向病糊涂的爸爸屈服，承诺下次一定会带来戒指。

该怎么向妈妈解释呢？年轻的时候，爸爸常年在外地工作，是妈妈一手操持着这个家。现在，她还是无悔地照顾着爸爸，可他却偷偷爱上了隔壁的姑娘！但医生嘱咐过，如果病人生气很可能会加重病情，想起这些文森特还是给父亲买了戒指，送到父亲手中。

文森特不知道接下来将发生什么，父母离婚，还是更糟？他在父母家焦虑得一整夜都没合眼。

第二天一大早，妈妈便来到文森特的床前：“孩子，你知道吗，你爸爸昨晚向我求婚了，看，这是他送我的戒指，好大一颗。”妈妈有些哽咽了，“他糟糕的记忆力，以为我们还没结婚，恳求我一定要嫁给他。”

文森特的眼角湿了，原来是自己误会了父亲。是的，在没成为夫妻之前，妈妈不就是爸爸的邻居，一直住在隔壁吗？正是因此，他们才能相识，相爱，相伴一生。

我的墨镜爸爸

作为加州大学街舞队的总教练，科特朗没见过像格雷泽这么差劲的替补队员——他动作僵硬，反应迟钝，总是跟不上其他队员的步调。这样的表现，科特朗自然不会让他代表学校参加每年的大学生街舞大赛。格雷泽也只有坐冷板凳的份儿。

可格雷泽完全不在乎这些，永远是全队训练最刻苦的一个——每次训练，他总是第一个来，最后一个走。而且他父亲也会一起来，坐在角落，耐心地看儿子训练。

科特朗好几次想去跟他父亲说，让格雷泽退出街舞队，但看着父子俩认真的样子，科特朗一直没说出口。

一年后，大学生街舞比赛如期举行，格雷泽似乎比任何人都期待这次比赛。他早早地跟父亲来到比赛场，认真做着赛前准备，似乎忘记了自己只是一个替补，能上场的概率极小。

经过激烈的争夺，加州大学街舞队夺得了冠军，而格雷泽始终没能上场。当科特朗被队员们高高举起欢呼胜利时，他看见了看台上格雷泽的父亲正使劲地挥舞着手中的红布，上面写着："冠军非你莫属，加油，格雷泽！"

比赛结束后，一些老队员退出了，而格雷泽却坚持留了下来。不过他依旧是个替补。唯一没变的是，他还会像往常一样刻苦地训练。

眼看第二年的比赛日期临近了，格雷泽不停地找科特朗，"让我上吧，我保证会好好表现。"

"哦，我知道了，一旦有队员上不了，你将作为第一替补上场。"科特朗虽口头上答应，但还是觉得格雷泽的舞技一般，让他上场太冒险。

然而就在离比赛还有5天时，有名队员脚部受伤，不能上场了。按照承诺，格雷泽的机会终于来了，科特朗却觉得卫冕没戏了。

两天后，格雷泽却突然向科特朗请假，说家里有事，可能无法上场了，科特朗也顺其自然地安排了其他替补队员。

而在比赛前两小时，格雷泽居然又出现了。他一脸疲惫地走到科特朗面前说："我父亲三天前出了车祸。他是为了给我加油买条幅时被撞伤的。您也许只看到他喜欢戴一副墨镜，其实他是个盲人。一直以来，他都以为我是队里的主力，包括去年夺冠的比赛。”

“请让我上吧，第一次也是最后一次。即使父亲不在现场，他一样能通过电视转播‘看’到我的比赛。这一次，我想让他真的能为我加油，为我骄傲！”格雷泽恳求道。

科特朗愣了一下，拍拍格雷泽的肩膀说：“准备上吧，你是最棒的！”

让理想听见理想

高阳是我们班的一个男生，高中三年，我和他一直是同桌。

高阳一直都很腼腆，说话的声音很小，和女孩子一样，有时候别人看他久了，他都会脸红。

高三的一段时间，班主任因为肝病的原因，不得不去上海治疗，班级的事就委托一个年轻的老师负责了。在走之前，班主任千叮咛万嘱咐地告诉我，这段时间，一定要让班上学生的情绪保持稳定。我点了点头，我知道，在所有学生干部中，班主任是最信任我的，这也是班主任一直选择我做班长的一个重要原因。

那天晚自习，我来教室比较晚，一进教室，就发现班上同学都围在高阳的座位旁，一问才知道，高阳下课在打开水时，有个高二的学生插队到他前面，高阳试图阻止，结果那个高二的学生用力顶着高阳的下巴到墙角，还抽了高阳一巴掌。

不用猜测，我就知道这是事实，和高阳同桌三年，我了解他的性格。

此刻，班上同学的情绪非常不稳定，都嚷嚷着要去教训那个高二的学生。即使是那个年轻老师来了，我想也是无济于事的。因为我知道，大家正在气头上，我更知道，如果大家一时激动，违反校纪校规不说，更重要的是，影响到大家的学习，毕竟是高三了，还有不到半年的时间就高考了。

大家轰的一下就出了教室的门，然后进了高二学生的班级。看见这个状况，我赶忙走上前去，拦住了大家挥舞着的拳头，然后使出全身的力气高声喊道："拜托大家安静一下，安静一下好不好。如果大家相信我的话！"

黑压压的一群人，在教室里渐渐地静了下来。

我在人群里拉出了高阳，走到那个高二学生的面前，问道："是他打你的吗？"

高阳点了点头。

我继续说道："那好。请用力地抽他一巴掌。"

大家惊了，高阳也惊了。因为没有人会想到，我会用这样的处理方式。

高阳向后退缩了一下，说："不，不……"

我使劲地拽着高阳，说："好！即使你不愿意打他，那你也应该让他向你道歉，让他为自己的错误行为感到歉意，感到后悔。"说完，我再次用力地把高阳拽到了那个高二学生的面前。

整个教室一片沉静，甚至都可以听见有人急促的呼吸声。

高阳顿了一下，不再说话。

大家很失望，但仍仍紧紧盯着他。突然间，高阳抬起了头，目光直视着那个高二的学生："你为什么打我？你凭什么打我？我年级比你高，是你学长，你更应该尊重我。我们如果没有开水，没有人看不起你，可如果我们没有人品，一定会有很多人看不起的，因为你缺少道德和良心，如果到现在你还不感到后悔的话，那么，我会为我们学校有你这样的学生，有你这样的行为感到悲愤和失望！"

几分钟后，在众人的目光下，那名高二学生慢慢地走上前去，低下了头，用力地说出了三个字：“对不起！”

那一刻，班上同学一片欢呼，为了“对不起”这三个字的出口，更为了高阳非凡的勇气和力量。

从那以后，高阳变得开朗许多，胆子也大了许多。

在写下这篇稿子的几个小时前，我接到了来自浙江传媒大学新闻学院的信，是高阳写的。他告诉我，很感谢我给他的那次破茧的机会。他说，现在他的口才和交际能力比以前更好了，因为他毕业后，从事的会是新闻记者工作，这也是他的理想。

是的。我知道他会成功。因为从他大声说出那番话的那一刻起，我就知道，他已经成功了，他的声音，已经穿透自己的理想了。

别锁住了心灵

我读初二的一段时间里，心里很不开心。因为课桌的钥匙经常被自己弄丢，而我，又不得不重复地做着撬锁换锁的动作。

很意外，我的不开心让班主任知道了。于是，我便很自然地被他找去聊聊了。一进门他就直接问我道：“为什么最近不开心？”

“因为这段时间钥匙经常被自己弄丢。”我告诉他。

“那你为什么要把钥匙带在身上呢？”他问道。

“因为我的桌子是锁着的，而里面，有着一些对我来说相当重要的东西。”我如实地回答道。

“那你为什么要给课桌上锁呢？”班主任继续问道。

“我怕自己的东西会被人偷。”我回答得很窘迫，脸也跟着一片通红。

“那你的东西被人偷过吗？”他又问道。

“没有！”我如实地回答了。

“没有？那么你怎么知道会有人偷你的东西呢？”他又问我。

我哑然了。接着，他语重心长地告诉我说：“其实，你的不开心，并非是因为你弄丢了钥匙。而是你对同学的不信任、放不下心造成的。是你用锁锁住了自己的心灵，锁住了别人对你的信任。敞开自己的心灵吧！那么你的生活就不会如此的窘迫而不开心了。”

听到这，我的心一震。是啊！我为什么要给自己的心灵上锁呢？

生活中，其实有许多人的不开心都是由于给自己的心灵上了枷锁造成的。敞开自己的心灵吧！让它坦然地去面对友谊、面对信任、面对生活，那么，现实中，即使有太多的瑕疵，在它看来，那也是完美生活的一部分。

敞开自己的心灵，伸出自己的双手，那么，拥抱住的，就不只是阳光了，更会是宽容下的那份充实、美丽与微笑。你的生活也会因此而变得丰满有力，人生也会变得一路灯火阑珊了。

班主任的那次谈话，也因此而深刻地刻在了我的记忆里，直到现在！

老外史蒂芬

一年前，我还在一家报社做教育版编辑。

那年的植树节，报社组织了部分学生作者举行了一场主题为“关注环保，关注绿色”的活动，旨在让广大青少年树立绿色意识，从爱护环境做起，然后再从爱护环境引申到爱祖国。活动采取的是问答的方式，配合参加活动的是一名外籍人士，我清楚地记得，他叫史蒂芬，是加拿大人。我们之所以以每小时400元的高价邀请他，最重要的，是因为他有一个非常注重环保的祖国，这一点，恰恰是我们活动的最终目的，也是我们所要学习的。

说实话，我在心里很鄙夷这个老外，他为什么要收费呢？为什么就不能免费为广大学生作者服务一次呢？倘若是，至少我们会觉得他形象高大，而不是势利，而不是仅仅为了几百元一个小时的收入而来的。

不可否认，史蒂芬的确有他的一套，对于学生作者的提问，他能用相当精巧微妙的语言来回答，令在场的所有观众都能满意。他告诉我们："一个人首先得学会爱祖国，只有爱国了，才能爱护她里面的每一寸每一滴，才有资格爱护环保，先爱环境再爱祖国，那是虚假的、不真实的一种爱。"他的观点与我们报社的观点窘然对立，仿佛间，我都能感觉到到场的报社领导的难堪。

所幸活动只有3个小时，很快就过去了，我心里暗自数着时间，然后发着毒誓，下次再也不要报社请这样的老外来了，最起码，他的观点是要配合我们主办单位——报社的观点的嘛。毕竟我们是付了钱的。

活动结束的时候，学生作者们正忙着收拾东西准备离开教室，忽然间，史蒂芬说了一句，我能唱一首我们加拿大的国歌吗？我非常希望你们能坐下来听，大家顿住了，然后陆续地坐了下来，他饱含深情地唱了起来，唱到高潮的时候，我分明间看到了他模糊的双眼。受到感染，我们参加活动的学生作者们也紧接着唱起了《义勇军进行曲》……

一个月后，我离开了报社。后来通过QQ和原来报社的同事聊天，他们告诉我，在我走后不久，史蒂芬突然来到了报社，陪同他来的，还有一大沓爱国光盘，那是我们祖国的历史，包括秦皇汉武、长城、抗日战争、南京大屠杀以及国歌的故事。他是用那天活动的薪酬买来的，他说，他希望我们报社能再次组织学生作者们来参加活动，他希望学生作者们能看到这些资料。

我想，如果我还在报社上班的话，我一定会再次邀请史蒂芬先生的。一定会！

十步看人

一位白须飘飘的老人走在路上，走着走着就突然停了下来，眯着眼看了看四周，接着找到路边一个干净的石块坐了下来。走在老人后面的三个刚放学的高中生觉得很奇怪，于是就讨论了起来。

第一个同学猜道："这位老人肯定是位哲人。你们看他坐在石头上的姿势，一个手托住腮部，另一只手自然下垂，一看就知道他正在沉思。还有，你们看他那双炯炯有神的眼睛，一看就知道他是个智者。"

"不，我不这么认为！你们再仔细看看那位老人，你看，他是不是无时无刻不在用眼睛关注着周围的环境啊？还有，你们看他是不是还不时看着地面啊？我看，他一定是个旅行家，或者是地质学家。否则，他怎么会如此关注周围的地理环境呢？"第一个同学的话刚说完，第二个同学就立马否定。

第二个同学刚把话说完，第三个同学也不甘示弱，说道："不！你们都猜错了。我想，他一定是位饱经沧桑的作家。你们看，他连坐在那儿的时间都在用细致入微的眼光关注着周围的人和物。我想，他一定是位作家。也只有作家，才具有这样敏锐的观察力，也只有用这样的观察力才能写出生动形象的人物和贴近生活的故事来。"

三个同学讨论了半天，结果谁也不服谁。于是，就相约着去问那位老人。老人看了看这三个年轻气盛的后生，然后低下了头，用手不停地捶着腿道：“人老了，容易累。走了这么久了，当然要休息休息了！”

其实，人生便是这样。现实生活中本来很简单浅薄的一件事，在一些人的眼中，却又变得复杂化，种种猜测和臆想干扰了我们对事物的正确认识。莫让浮云遮慧眼，做任何事情都不要对自己不熟悉、认识不深的东西盲目判断，妄下结论，在学业上更是如此。只有亲身体悟的认识，才会适用于我们的人生，也才能在我们的人生中烙下令自己受用的印记。

十步看人，看到的只能是一个模糊不清的世界，要想将世界看得真切，让人生变得透彻，不妨再走近一些。走近一些，看到的才是一个充满自信心的人生，也才是个真实自然的人生。

行走的石头

上车前的5分钟，手机忽然响了起来。是母亲打来的，说让我等等，有东西落在家里忘记带了，她马上给我送过来。

我仔仔细细地把包检查了一遍，仍没有发现自己到底忘带什么了。这个时候，母亲气喘吁吁地跑过来了，并递给了我一个透明方便袋，里面装的，是三块普普通通的石头。我甚是惊讶。

妻子怀孕了，我很少回家，因为她身体不方便。这次回家，母亲非要我带点腌菜给妻子吃，说怀孕的人口味重，我无奈，只好带了。因为母亲并不知道我会提前回家，她的菜才腌了几天，都还没有腌透。我说不带了吧，母亲瞪了我一眼说：“菜没有腌透，你可以带过去腌嘛。”然后，母亲弓下身子，很小心地在大菜缸里，认真地挑选着成色好的腌菜，一层一层地垒放在一个塑料瓶里，让我带着。我无奈："城里不是可以买的嘛，干吗这么麻烦？再说，你给了我这个没有腌透的腌菜，我也不能吃啊。"

母亲低着头，一声不吭地做着她的事，丝毫都不理会我。

吃饭的时候，母亲突然冒了一句，我刚才去河边给你挑了几块小石头，回头你放在塑料瓶里压上几天，菜味保证和家里的一样香。听到这话，我的身体一震。

这三块石头被我带到了新房里。不久，菜便腌好了，妻子说口味很好。

这几块石头发挥出它的作用后，便被放置在房子的一个小角落里，像一件被人抛弃的展品。加上有了儿子后，我愈加忙碌了。工作压力很大，所以我更要好好地努力，让儿子有一个好的生存和生长环境。因为我爱他，很爱很爱。

一段时间后的某个晚上，我拖着疲惫的身体回到了家，看到儿子甜甜的微笑，我心中一震，一股幸福感充沛全身。

忽然，手机响了起来。我赶忙一看，是母亲打来的。还没有开口，母亲便问道："睡觉了没？吵醒你们了吗？"我说："没有，妈，怎么了？"

电话那头，忽然沉静下来。仿佛间，我能听见母亲的呼吸声。半晌，母亲才开口："我上次让你带去的石头，现在怎么样了？"

我的身体一震。

我说："很好，很好。妈，我这个周末回家，拖家带口地回去，你和爸爸早点睡吧。"

母亲笑了笑，然后挂了电话。

忽然想起来了那个炎热的中午，街面道路在重新翻修，根本没有办法通行。母亲是如何做到在五分钟之内，把三块石头顺利地送到我的手里的呢？

如今，那三块石头，静静地躺在墙角，带着一抹绿。如同母爱一样，缓缓生长着。

在这个房内，永远都充满着春天的气息。

最伟岸的卑微

在单位搬书上楼梯的时候，成捆的书从手中滑落下来，砸向自己的脚。出于本能反应，身体赶忙往后退缩，却又从楼梯坡上滑倒，膝盖也流了许多血，骨头疼得十分厉害，自己咬了咬牙，皱着眉头把跌落的书捡起来并叠放整齐。同事见我受伤了，赶忙送我去医院，坐在医院的长椅上，忽然想起了我的父亲。

7岁的时候，父亲挑着一担刚从稻田里收割上来的湿稻子，带着我回家。那担稻子足足有100多斤，因为我看见了那么粗的扁担，在父亲高大的肩膀上都弯成了曲线，走到距离房子100米左右的地方，父亲忽然停了下来，皱了皱眉毛，沉重地哼了一声，我赶忙把身体俯了下去一看，天呐，父亲的脚正和着泥巴，流着殷红的血，那是一枚铁钉，从他的脚前掌扎了进去，并且在脚背上冒出了一点尖。看到这一幕，我愣住了。而父亲什么话都没有说，仍然吃力地把稻子缓缓地担回了家，从肩上卸下稻子的时候，那个时候，我看见父亲的整个脚底都是血，这个时候，父亲才让我搀扶着，走到了村里的卫生医疗室，在这个过程中，父亲没有说一句话，坚强得令我吃惊。

那一刻，我眼中的父亲很伟大很坚强。甚至在我眼里，父亲当时就简直是一位伟人，他表现出的韧性和品质，使他成为我和小伙伴们钦佩的偶像。

11岁那年，因为吃了坏食物，我得了急性肠炎，一直腹泻和呕吐，父亲赶忙带着我到村里的卫生医疗室吊水，因为是六月，天气十分炎热，卫生室里又没有吊扇。就这样，父亲左手给我打着扇子，右手举着吊水瓶回家了。

一个小时后，瓶里的水吊完了，父亲给我拔针头，因为不专业，父亲拔得很吃力，尽管小心翼翼，拔出针头的时候，我的手背上仍然出血了，那一刹我哭了。母亲看到我的样子，很舍不得，也很生气，狠狠地骂了父亲，父亲弓着腰，在一旁站着，一声不吭，像个做错事的孩子。那一刻，父亲那卑微而自责的形象，也深深地烙在了我的心底。直到长大后，我才明白。

在儿子面前，父亲永远都是最坚强的，因为他是儿子的榜样，尽管疼得厉害，他也没有吭一声。在爱的面前，父亲却是那么的卑微，甚至表现得手足无措。因为他爱自己的儿子，然而就是这种卑微，感动了我一辈子，也影响了我一辈子。

在这坚强与卑微之间，我开始读懂父亲，读懂人生。

父亲永远都是一个强者，哪怕卑微地站在爱的面前，他同样表现得伟岸而有力量。

失却瞬间的生命

在美丽的澳洲上空，生活着一种叫做海蜇蝙蝠的动物，它是远古时期蝙蝠后代的一种。因为生物的变化，环境的变迁，在几千几万年的岁月磨砺中，让它的身上有了一副比一般蝙蝠更为发达的翼膜，像一顶张开的小伞一样挂在它的身上，使它终生随着气流在空气中飘浮，十分像海洋中的海蜇，因此，人们称它为海蜇蝙蝠。

海蜇蝙蝠从不落地，它的一生都会在广阔的天空中度过，即便是生儿育女，或者是电闪雷鸣，它也会不停地飞翔着，飘浮着。因为它一旦落地，它的翼膜就会在瞬间萎缩变小，最终失去飞行能力，所以，海蜇蝙蝠从离开母亲胸前的成长膜袋开始，它就在空气中不停地飞翔着，飘浮着，永不停歇。

我们是否也能够做到活得像海蜇蝙蝠一样呢？无论遇到挫折，或者喜悦，我们都不放停自己的脚步！因为我们一旦停住了，那么，我们所停住的，就不仅仅是一种执着前行的姿态了，更会是一种安逸满足的心态。甚至在很多时候，我们也会像海蜇蝙蝠一样，在驻足休息时，让自己的双翼瞬间萎缩，最终，失去翱翔天空、翱翔大自然的能力。

生存的规则

在印度尼西亚群岛，生活着一种闪光蟾蜍。它的模样，与我们身边的蟾蜍基本相同，深褐色的皮肤上长满了许多令人恶心的疙瘩，模样十分难看，而且，它的行动十分迟缓，按照达尔文的“物竞天择，适者生存”的观点，这样的生物，是很难在地球上生存立足的。

然而，事实上这种闪光蟾蜍却有着惊人的生存能力，并以较快的速度繁殖着。道理很简单：闪光蟾蜍大白天躲在湖边的草丛或者是泥洞中休息，到了晚上，它就会用尽全身的能量，让自己全身发出一闪一闪的荧光，就像乌黑的天上点缀着些许明亮的星星，尽管光度微弱却十分美丽，因此也能照样吸引昆虫。当昆虫飞临它的头顶时，它就闪电般地伸出长舌，一下子就把昆虫卷进嘴里。而如果当晚没有吸引到昆虫，那么闪光蟾蜍便会在第二天死去，它并非是饿死，而是因为彻夜的闪光，让它耗尽了它的全身能量，而没有得到及时的补充，从而精疲力竭而死。当然，在大部分情况下，闪光蟾蜍都是能够捕捉到昆虫，从而及时得到补充的。

从闪光蟾蜍的生存法则中，我们至少能学到四点。第一，在我们的生存与生活遭遇困境时，我们应该努力让自己发光，用自己的光亮去证明。第二，荧光虽然微小，却十分美丽。然而，在这美丽吸引我们，让我们毫不犹豫地扑向这美丽的同时，我们是否曾想过，自己是不是在演绎着昆虫的角色呢？所以当美丽展现在我们眼前，而我们不熟悉它的时候，我们要做到尽量不要去碰它，因为此时的美丽，很可能成为危险与陷阱的代名词。第三，在昆虫飞向闪光蟾蜍头顶的时候，闪光蟾蜍就会在瞬间伸出它们的长舌，去捕捉昆虫。那么，我们是不是也应该在平日就练好自己的“长舌”，使之在机遇来临之时能够瞬间地把握好、掌握住呢？因为成功不仅仅需要机遇，更重要的是一门技术以及一种能及时把握住机遇的心态。第四，当闪光蟾蜍的闪光得不到自己生存的必备时，它就会选择离开，选择离开这个世界，选择死亡。而我们，在自己发光后得不到自己的生存必备，得不到自己渡过困境的力量时，我们是否也想到了离开呢？当然，我们的离开并不是选择离开这个世界，而是撤离眼前，去选择新的生存技巧——换个新的生存环境，让自己去生存发展。

乞丐今天不上班

一年前，我按揭了一套22万元的房子，在付完首期的5万元后，我就在心里盘算着：在以后的10年里，我和妻子怎么从每月2500元的工资里，拿出近2000元的钱来还贷呢？再加上儿子的教育费和家里的其他开销，我的压力可想而知。甚至为了每天80元的加班费，我和妻子都顾不上周末休息了。

那段时间，我每天上班都会经过一个人流如织的十字路口，看到一个老人。准确地说，是看到一个衣着破旧的乞丐老人。每隔一段时间，我都会从兜里掏出几个硬币来，放在乞丐老人面前的旧碗里。然后，在老人那苍老却饱含诚意的谢谢声中走开。因为我知道，那小小的几个硬币对于我的作用并不大，可是，在那老人的身上，却不仅仅象征着物质的支持，更是一种心灵的慰藉。

某个周六的下午，我下班顺路去把在少年宫补习数学的儿子接回了家。儿子一路都蹦蹦跳跳的，在经过那个十字路口的时候，我又看到了那个乞丐老人，为给儿子做个现场的爱心教育，于是我又从衣服里摸出了几个硬币，很小心地放在了那乞丐老人面前的碗里，然后走开了。可是，令我惊讶的是，这次那位乞丐老人看了我一眼，便低头接着晒太阳了，像是没有一点感觉似的，更不必说有往日的那声发自内心的谢谢两个字了。

看着一脸惊讶的我，儿子乐了，说道："嘿嘿！爸爸！告诉你啊，乞丐老人今天不上班。所以，你的施舍他不感兴趣了。"

听到儿子这番不经意的话，我的心一震：是啊！快乐是每个人生活与人生的一部分，无论他贫穷与富有，高贵与低卑。一个连自己温饱问题都顾不上的乞丐老人，尚且能享受快乐，沐浴阳光，我一个每个月拿固定工资、有亲人、有房子的大男人，怎么都不知道呢？而我所知道的，却是为了每个周末那160元的加班费，而舍弃了自己享受幸福与快乐的休息权利。想到这，我不禁抬头用充满敬意的目光看了看那乞丐老人。

第二天，我没有去加班，而是陪着爱人和儿子去公园玩了一天。很痛快，也很尽兴！